ヒューマン・インタフェイスの基礎と応用

村田厚生　著

序

　工場の省力化・自動化，オフィスオートメーション，高度コンピュータ技術などの現在の科学技術の進展は，我々の職場や社会や学校での生活に大きな変革をもたらし，我々は大変便利な環境で労働や社会生活を営むことができるようになった．その一方で，機械（コンピュータ）の性能の進歩だけではなく，機械を使う側の人間の問題に対する認識が高まりつつあり，人間と機械を1つの統合化されたシステムとしてとらえ，これを中心とした人間工学の考えの取り入れ方の不十分さが指摘され，人間と機械のインタフェイスを考慮したシステムや製品づくりの重要性が再認識されるようになった．このような考え方は，人間工学として第2次世界大戦以後，欧米と日本で専門家の間では普及していったが，ヒューマン・インタフェイスの考え方の重要性が再認識されるに至って，人間工学の専門家や関係者以外にも注目を集めるようになった．ヒューマン・インタフェイスという言葉は，コンピュータの社会的な普及に伴って，欧米では，human-computer interactionとして，コンピュータ・システムに限定して，その使いやすさやユーザの快適性を追求する科学として，盛んに研究が行われるようになった．日本では，これをコンピュータシステムに限定せず，一般の人間−機械系にまで範囲を広げてヒューマン・インタフェイス（human interface）という言葉が用いられるようになった．ここでは，従来の人間工学に加えて，認知科学や認知工学の考え方が特に強調されているように思われる．ヒューマン・インタフェイスは，ヒューマン−コンピュータ・インタフェイスとも呼ぶことができるが，日本では特に人間に重点を置くという意味合いをもたせるために，commputerという言葉を除いて，ヒューマン・インタフェイスが用いられている．ヒューマン・インタフェイスとは，これまでの人間工学とほぼ同じ意味合いで使うことができると著者は考えている．すなわち，人間と機械（コンピュータ）の適合を図るために，人間の生理的特性，形態的特性，さらには心理的特性，特に認知情報処理特性などの認知科学的特性を考慮して，操作しやすい，使いやすい，安全な，疲れにくい，見やすい，健康を維持できる，わかりやすい，エラーが少ないなどの特徴をもったシステムや製品を設計していくための学問分野と考えることができる．

　本書は，このヒューマン・インタフェイスの考え方の基礎から応用までを，著者の最新の研究成果を交えて，まとめたものである．まず，基礎的事項として，ヒューマン・インタフェイスの考え方を明確にし，なぜこれが必要になるかを明らかにした．さらに，ヒューマン・インタフェイスで必要になる認知科学的な基礎や認知工学の考え方について，著者なりにまとめてみた．さらに，入力装置や表示装置におけるヒューマン・インタフェイス設計，コマンド言語，メニュー選択システム，スクリーン設計，ウィンドウ設計などのコンピュータシステムやソフトウェア設計におけるヒューマン・インタフェイスについて検討を加えた．また，VDT作業におけるインタフェイス（人間工学），ヒューマン・インタフェイスでのエラーの発生原因とその対策，テクノストレスや種々の認知的な（精神的な）外的刺激や作業負荷にさらされる人間の疲労，負担，ストレスの評価法について詳細に説明を加え，疲労やストレスが少ないインタフェイスを設計するための方策について検討した．さらには，ヒューマン・インタフェイス設計の評価法や仮想現実，発想支援，共同作業支援，マルチメディアなどの新しいインタフェイスについて考察した．

　本書が多少なりともヒューマン・インタフェイス，人間工学，認知工学などの分野の発展やこの分

野を専攻しておられる大学生，大学院生，研究者のお役に立てれば，筆者として望外の喜びである．また，これからヒューマン・インタフェイス，人間工学などの研究分野がよりいっそうの発展を遂げ，この分野の研究が活発化することも切に願っている次第である．本書を執筆するにあたり，国内外の優れた書物や論文を多数参考にさせていただいた．この場を借りて，心よりお礼申し上げたい．また，著者の遅れがちな原稿を辛抱強くお待ちいただき，多大のご苦労をおかけした日本出版サービスの編集部のスタッフにもお礼申し上げたい．

1998 年 2 月

村 田 厚 生

目　　次

第1章　ヒューマン・インタフェイスの概要

　本章ではヒューマン・インタフェイスとはどういった学問体系であるかを簡単に説明する．まず，その社会的意義，ヒューマン・インタフェイスの関連分野について言及し，ヒューマン・インタフェイスは学際的な学問体系であることを理解させる．また，ヒューマン・インタフェイスの3つの側面とアプローチ法について説明し，あわせてヒューマン・インタフェイス設計の基本原則について解説する．最後に，本書の以降の章でどういった内容が取り扱われるかについても触れる．

1.1　ヒューマン・インタフェイスとは

　人間工学の根底に存在する人間－機械系の考え方の延長線上に，ヒューマン・インタフェイスがあると考えてよいのではないかと思われる．一昔前のコンピュータの設計・製造では，性能が重視されがちで，使いやすいコンピュータよりも速いコンピュータが重宝され，コンピュータは一部の専門家（技術者）のための道具と考えられていた．しかし，今日のようにコンピュータが日常生活や職場へ普及するにつれて，コンピュータは専門家だけのものではなくなり，性能はもちろんのこと誰もが簡単かつ楽しく使えることの必要性が高まってきた．この使いやすさを追求する研究分野がヒューマン・インタフェイス，ユーザ・インタフェイス，人間－機械（コンピュータ）系などと呼ばれている．今日，わが国ではヒューマン・インタフェイスという言葉がよく用いられているが，これはhuman-computer (man- machine) interfaceやuser-computer interfaceとほぼ同義であると考えてよく，その根底には人間－機械系（man-machine system），すなわち人間工学の考え方がある．欧米諸国では，human-computer interactionという言葉のほうがよく用いられている．人間と機械（コンピュータ）の関係（インタフェイス）を問題にし，人間にとって使いやすい，安全な，快適な，エラーの少ない，疲れにくいような機械（コンピュータ）を作り上げていくことが，ヒューマン・インタフェイスの目的とするところであり，ヒューマン・インタフェイスは人間工学とほぼ同等の意味をもつと考えてよいと筆者は思っている．人間が機械に使われるのではなく，あくまでも人間を中心として両者が適合したシステムを創造していくということで，マシン（コンピュータ）を省略して，human interfaceという呼び方が一般的になっている．インタフェイスとは，接点，界面などと邦訳されており，身近な例としては，車の運転やコンピュータの操作がある．

　銀行のキャッシュ・ディスペンサー（cashe dispenser:CD）1つをとってみても，最近はタッチスクリーン型のものがほとんどであるが，グレア，タッチ結果のフィードバック，入力ミス，キーボードとタッチスクリーンのどちらがよいかなどインタフェイスに関する種々の問題が存在する．ここでは，情報科学（≒計算機科学）の分野のみに限定せず，幅広くインタフェイスの問題を種々の観点から論じていく．

1.2 ヒューマン・インタフェイスの社会的意義

　ヒューマン・インタフェイスの対象は，情報科学を中心として，社会システム工学，工業デザイン，ディスプレイ工学，認知科学，人間工学，社会医学，精神医学，労働科学などの幅広い分野にわたっている．ヒューマン・インタフェイスの問題にもコンピュータのスクリーン設計，マルチ・ウィンドウシステムにおけるウィンドウ設計，VDT作業用のワークステーション設計（コンピュータ，ディスプレイ，机，椅子の人間工学的設計），入力装置の操作性の問題，音声入力，視線入力などの次世代の入力インタフェイス，人間と機械（コンピュータ）の相互作用によってもたらされるストレス，疲労，ヒューマン・エラーの問題など様々なものが存在し，現代社会の複雑化とともに，そこで扱われる問題も多様化してきており，今後ヒューマン・インタフェイスの分野はますます重要になってくるものと思われる．技術革新によって，便利で人間の能力を拡大する道具・機械・設備などが作りだされ続けているが，技術的な発展のみを重視し続ければ人間不在のシステムが設計されてしまう可能性があり，効率，使いやすさ，安全性の低下がもたらされる．このような現状では，ヒューマン・インタフェイスの社会的意義は大きい．

1.3 ヒューマン・インタフェイスの関連分野

　技術革新の目まぐるしい進展によって，ただ単に人間の英知，適応性，柔軟性（flexibility）だけでは，複雑・大規模化するマン−マシン・システムに適応できなくなってきている．そこで，十分な適応ができるようにするために，ますますヒューマン・インタフェイスや人間工学の手法を用いた学際的なアプローチがその重要性を増してきた．人間工学の場合と同様に，ヒューマン・インタフェイス独自の手法は存在せず，種々の分野の手法を体系的に活用していく学際的なアプローチが必要不可欠である．ヒューマン・インタフェイスの関連分野を図1.1に示す．ここには，広義の関連分野と狭義の関連分野の両方が示されている．ヒューマン・インタフェイスと認知工学，人間工学，human-computer interactionとの関係は，第6章「認知工学」のところで詳しく述べてあるので，参照されたい．人間工学の場合と同様で，ヒューマン・インタフェイス固有の手法はほとんど存在せず，図1.1に示した関連領域の知識や手法を統合化して，人間−機械（コンピュータ）系の最適化を目指していかねばならない．

1.4 ヒューマン・インタフェイスの3つの側面

　これまでに述べたヒューマン・インタフェイスをここでは3つの側面から考えていくことにする．3つの側面とは，(1)情報の入出力（知覚），(2)人間とコンピュータのコミュニケーションのための手段すなわち言語，(3)人間がコンピュータを用いていかなる行動を行うかという側面すなわちコンピュータに対してユーザがいかなるモデル（メンタル・モデル）を想定するかという側面である．これを図1.2に示す．メンタル・モデルは，Jphnson-laird（1989）によって提案されたもので，メンタル・モデルとは別にコンピュータ・システムの設計者がコンピュータ・システムに対して想定する概念モデルが存在する．メンタル・モデルと概念モデルのギャップが小さいほどよりよいインタフェイス設計が行われたものと解釈できる．(1)に関しては，主に視覚，聴覚，触覚などが中心的役割を果たし，コンピュータへの入力はキーボード，マウス，タッチスクリーン，グラッフィック，タブレットなどの触

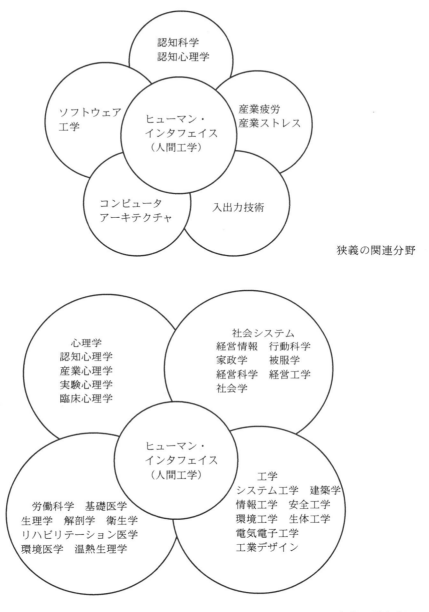

狭義の関連分野

広義の関連分野

図1.1　ヒューマン・インタフェイスの関連分野

覚や音声を通して行われ，出力はCRT，プリンターなどの視覚や音声出力装置（聴覚）によって行われる．知覚の側面は，コンピュータとの対話のために人もしくはコンピュータに情報を入力するという意味で基本的に重要である．(2)の言語に関しては，コマンド言語とプログラミング言語の2つが存在する．コマンド言語には，MS-DOS用，UNIX用のコマンドなど，プログラミング言語には，C，FORTRAN77，Pascal，COBOL，Lisp，Prologなどがある．インタフェイスを円滑にするためには，これらの言語がユーザ指向で設計され，エラーに対処しやすい，学習しやすいなどの特性を備えておく

4

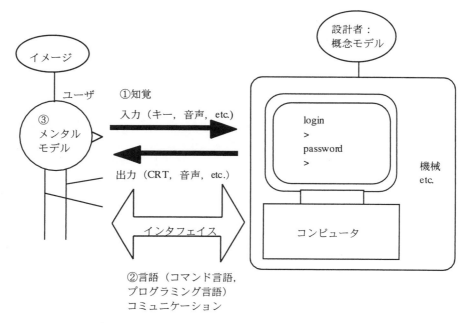

図1.2 ヒューマン・インタフェイスの 3 つの側面

必要がある．最近では，プログラミング言語を使用する機会は，一般には（システム設計者やプログラマーを除く一般ユーザに関しては），徐々に減少してきている．例えばマッキントッシュ (Macintosh) などは目的に合わせてソフトウェアをインストールしておけば，プログラミング言語を用いて自身でソフトウェアを作成する機会は少なくなってきたように思われる．また，C言語 1 つをとっても，UNIXマシン上のCコンパイラよりも，パーソナル・コンピュータ用のCコンパイラのほうが種々の機能（エディット，ソースの保存，コンパイル，リンク，プロジェクトファイル作成など）が充実しており，これらが 1 つのプラットフォームとして統合化され，ユーザにとってはよりよいインタフェイスとなっている．

1.5 ヒューマン・インタフェイスのアプローチ法

ヒューマン・インタフェイスでは，人間とコンピュータ（機械）の適合のために，大きく分けて次の 4 つのアプローチ法が用いられる（図1.3参照）．

(1) ハードウェア的側面からのアプローチ

ハードウェア設計に際しては，インタフェイスとして何を配慮すべきかが重要である．例えば，コンピュータがハングアップした際の対処ボタン（リセットスイッチ），応答時間の短縮化，VDTの人間工学的設計（第 7 章を参照），衝突の際のエアバッグシステムや車のボディーの安全性設計などの配慮が必要になる．

(2) ソフトウェア的側面からのアプローチ

前述のようにCコンパイラ 1 つをとってみても，種々の機能を統合化して 1 つのメニュー画面に基づいてプログラミングが可能なものが望ましい．パーソナルコンピュータ用のCコンパイラは，ほとんどのものが統合化環境が整備されているが，ワークステーション系では，統合化環境の点が不十分で

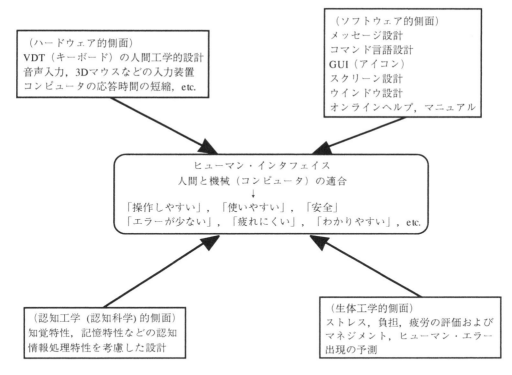

図1.3　ヒューマン・インタフェイスのアプローチ法

ある．また，マッキントッシュの種々のアプリケーションのようにメニューに基づいて，初心者でも
ある程度使いこなせるようなソフトウェア設計が必要不可欠である．

(3)　認知科学的側面からのアプローチ

感覚・知覚→感覚情報記憶（パターン認識）→短期記憶→長期記憶→認知（思考，処理，判断な
ど）→運動→出力といった人間の認知情報処理特性を念頭に置いたインタフェイス設計が重要であ
る．例えば，認知情報処理特性を配慮したエラーが少なく読み取り時間の短い表示装置の設計などが
その1例である．このようなアプローチは，第6章で述べる認知工学に相当する．

(4)　人間工学，生体工学

疲れにくい（頚肩腕障害，眼性疲労，精神障害，腰痛，精神疲労などが生じにくい）ような作業シ
ステムの設計を心がける必要がある．これらの基礎として，疲労評価，ストレス評価など人間工学，
生体工学（生体情報工学），産業ストレスなどの分野の研究成果は，ヒューマン・インタフェイス設
計にとって必要不可欠である．

1.6　ヒューマン・インタフェイス設計のための基本原則

ヒューマン・インタフェイス設計では次の3つの基本原則が重要であり，マッキントッシュなどは
これに基づいて設計され，ユーザの幅広い支持を集めている．

(1)　応答性（responsiveness）

ユーザがコンピュータに対して何らかの操作をすれば，これに対する応答をコンピュータが出力す
るようにしなければならない．また，ユーザがじっくりと考えなくても容易に理解できるような手順

をふむことができるようなシステムでなければならない.

(2) 寛容性 (permissiveness)

ユーザがコンピュータに使われるのではなく,ユーザがコンピュータを使いこなすようなインタフェイスをもたせることが大切である.すなわち,ユーザに主導権を与えることが必要である.

(3) 統一性 (consistency)

あらゆるアプリケーションで基本的な操作が共通化されていることが望ましい.例えば,マッキントッシュ用のアプリケーションなどでは,印刷,ファイルの保存などの操作は共通しており,これまで全く使ったことがないアプリケーションでもある程度使いこなすことができる.

Normanによる7つの基本原則[1]を挙げておく.これらの原則については,第6章の「認知工学」のところで詳しく述べることにする.

- ・対応付けを正確にする.
- ・対応が目に見えること.
- ・エラーに十分対処できること.
- ・構造を単純化してわかりやすくする.
- ・自然や人工の制約をプラス指向でうまく活用する.
- ・外界にある知識と自身の知識の両方を十分に活用する.
- ・以上のすべてがうまくいかない場合には,標準化する.

Schneidermanによる8つの基本原則[2]を以下に挙げておく.

(1) 一貫性をもたせる.

(2) 頻繁に使う利用者のための近道を用意する.

(3) ユーザにフィードバック情報を与える.

(4) ユーザに達成感を与える.

(5) ユーザによるエラーの検出と回復が容易であること.

(6) 逆操作が可能であること.

(7) ユーザがシステムを主体的に制御できること.

(8) ユーザの短期記憶(第5章)への負担を軽くすること.

アップル社によって次のような10項目にわたるヒューマン・インタフェイス設計のガイドラインも提案されている.

(1) 現実世界からのメタファを利用することで,現実世界からの類似性に基づく類推が容易にな

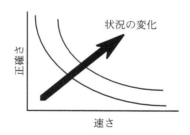

図1.4 ヒューマン・インタフェイスにおける速さと正確さの関係

る．マッキントシュでは，これをデスクトップ・メタファによって実現している．

(2)　ユーザの操作に対して適切なフィードバックを行うこと．

(3)　コンピュータへの指示は，再生および直接入力を行うコマンド入力方式は極力避けるようにして，再認および選択方式に基づくメニュー方式にする．

(4)　システムに一貫性をもたせる．

(5)　WYSIWYG（What You See Is What You get：ウィズィウィグ）の原則を取り入れる．例えば，画面に表示されている内容とプリンタで出力した内容が同じであること．コンピュータ画面で見たものとそこからユーザがプリンタに出力するなどして得るものは，全く同じものでなければならない．

(6)　ユーザがコンピュータを自身でコントロールする感じがもてるようなシステムでなければならない．

(7)　必要な情報はユーザにフィードバックする．

(8)　ユーザはエラーを犯すものであるという前提のもとで（寛大さをもって），エラーが発生したときの対応を予め十分に考えておく．

(9)　画面に表示する世界は，できるだけ変わらず，親しみやすく，同じように見えるように設計すること．

(10)　使いやすさだけではなく，見た目の美しさにも配慮する．

Schneidermanによる 8 つの原則に基づいて，電卓におけるヒューマン・インタフェイスの評価を以下で実施する．市場に出回っているいずれの電卓でも，個々のキーを押すことで入力を行うため，一貫性はあると考えられる．利用者が頻繁に使う操作では近道を与えるという点に関しては，個々の電卓によって異なっており，近道が用意されているものもあれば，この点が全く考慮されていないものもある．例えば，関数を定義できる電卓では，よく使う数学，物理などの公式を登録しておけば，これを呼び出していつでも気軽に使うことができるので，この原則に当てはまると判断できる．いずれの電卓に関しても，利用者に達成感を与えるような設計にはなっていない．エラーの検出と回復が容易であるという点に関しては，オーバーフローのメッセージが出るくらいで，特に配慮はされていない．複雑な関数の定義が可能な電卓では，この機能を充実させることが望ましい．逆操作に関しては，取り消しキーで数値の入力をやり直せる電卓があるくらいで，十分な逆操作の機能が備わっているものはない．利用者の主体的操作に関しては，コンピュータと異なり，利用者が電卓に使われているような感じは受けないだろう．短期記憶の負担を軽減するという点に関しては，電卓の画面は 1 つだけで狭く，十分な処置が施されているとはいえない．フィードバックについては，数値入力に関しては配慮されているが，関数や機能キーに関しては，入力結果が液晶ディスプレイに表示されないものがほとんどである．

1.7　ヒューマン・インタフェイスの評価の仕方

既に述べたように，ヒューマン・インタフェイスの目的は，認知科学，人間工学，コンピュータ・サイエンスなどの方法論を用いて人間の種々の特性を考慮しながら，人間にとって快適な，エラーの少ない，効率の高い，疲れにくい，ストレスが過度にかからないシステムを創りだすことである．そこで本節では，以上の目的のもとで行われたヒューマン・インタフェイス設計をいかに評価していくかについて考えることにする．上述の「エラーの少ない」，「効率の高い」などの形容詞の評価は，

客観的側面と主観的側面の両方から行うことが望ましいが，すべての形容詞を両側面から十分に評価できるとは限らない．この中で，効率の良さ（エラーの少なさ）は，速さと正確さの尺度を用いて客観的に評価できる．速さと正確さの関係を示す概念図を図1.4に示す．両者を同時に満足させることはできず，速さを向上させようとすれば，正確さがある程度は犠牲になる．これに対して，「使いやすさ」，「操作性」を客観的に評価することは難しく，これらの評価には評点法，カテゴリー系列法などの心理評価法が用いられる．例えば，種々のマウスの「操作性」を5段階もしくは7段階の評点を用いて「1＝操作しにくい」，「5(7)＝操作しやすい」の間で評価させる．「疲労」，「ストレス」に関しては，第9章で詳しく述べるが，心理的側面と生体情報処理に基づく客観的側面の両方からアプローチ可能であるが，これに関しても絶対的な方法が確立されているわけではない．ヒューマン・インタフェイスのさらに詳しい評価法に関しては，頁を改めて第10章で述べる．以上の問題点以外にも，ヒューマン・インタフェイス設計では，コストと性能のトレードオフに注意せねばならないことはいうまでもない．

1.8　本書の構成

本書は以降第2章から第11章までで構成されている．第2章では，マウス，タッチスクリーンなどの入力装置と表示（出力）装置におけるよりよいインタフェイスのありかた，および今後その普及が期待される音声入力と音声出力を用いていかによいインタフェイスを実現するか，さらには視線入力によるインタフェイスについて述べる．第3章では，情報をいかにしてやりとりするかについて概観し，より具体的な例として，エラーメッセージ，コマンド言語の設計，GUI（Graphical User Interface），スクリーンのフォーマット・色，メニュー選択，ウィンドウの設計などについて述べる．第4章では，ソフトウェア設計プロセスについて概観し，人間工学的原則，認知科学的原則を考慮した設計法について検討する．この章の一部は，第3章と重なる箇所があるが，第3章の内容がさらに明らかになるように配慮した．また，ソフトウェア工学の観点からヒューマン・インタフェイス設計にいかにアプローチしていくかについても述べた．第5章では，認知科学や認知心理学の分野における基礎すなわち知覚特性，記憶モデル，知識構造，学習過程を考慮した人間とコンピュータのありかたについて触れている．第6章では，認知工学について触れ，ヒューマン・インタフェイス設計において，認知工学がいかに重要であるかを応用例を用いて示した．第7章では，VDT作業の人間工学について述べ，照明条件，CRTの光学的特性の配慮，コンピュータ作業に適した椅子，机，コンピュータ本体（コンピュータの概観）が備える条件，VDT作業によってもたらされる人間への障害について検討し，最後によりよいインタフェイス設計のために利用されるVDT作業評価のガイドラインを述べる．第8章では，まずヒューマン・エラーの基礎，コンピュータ作業でのエラーの原因について述べ，エラーを防ぐためのヒューマン・インタフェイスについて概観する．第9章では，「疲労の少ない」，「ストレスがかかりすぎない」インタフェイス設計を実践していくための疲労，ストレス評価法，テクノストレスなどについて述べる．第10章では，ヒューマン・インタフェイス評価のための評価シート，ガイドラインについて述べ，あわせて実験データに基づく解析（統計解析など）評価の手順を検討する．最後に，第11章ではヒューマン・インタフェイスに関するトピックスとして，仮想（人工）現実感，発想支援，CSCW（Computer Supported Coorperative Work）について述べる．

第2章 入力装置，表示装置における インタフェイス

　本章では，入力装置と表示装置のインタフェイスについて概説する．まず，キーボードについて述べ，次にマウスなどの間接型入力装置とタッチスクリーンなどの直接型の入力装置の特徴と操作性について検討していく．そして，パフォーマンス・モデルに基づくこれらの入力装置の評価方法について議論していく．次に，表示装置の特徴を明らかにし，さらに音声によるインタフェイスについて説明を加える．これからのインタフェイスで音声入力と音声出力がいかに重要になってくるかを述べ，マルチタスク（multiple task）の状況において，特にこれらの入出力様式が有効になることをWickensの multiple resource理論に基づいて明らかにする．最後に，視線入力によるインタフェイスに関する新しい試みを紹介する．

2.1　入力装置

　入力装置は，主として手指を動かして入力機器を操作し，コンピュータに意志を伝えるものである．入力装置には，キーボードを初めマウスなどの間接型入力（ポインティング）装置とタッチスクリーンなどの直接型入力（ポインティング）装置，さらには音声入力装置があり，近年では視線入力装置に関する研究も行われるようになった．また，特殊な入力装置としては，デジタイザ（タブレット）があり，デジタイザに張り付けられた図面などの寸法をコンピュータに直接入力することができる．ここでは，キーボード，間接型，直接型の順にその特徴を述べていくことにする．次に，Fittsの法則に基づく操作性の評価の手順を検討する．さらに，操作性評価のために用いられるパフォーマンス・モデルを2次元的な動きに対応できるように拡張していくための方法について言及する．

2.1.1　キーボード

　キーボードの基本的な構造は，キーの物理形状と文字配列によって決まる．物理的形状には，文字キーの配列と位置，高さや傾きなどの全体の形状などである．キーボードの操作は，手のひらの上下運動と水平運動，手首の回転によって行われる．キーを押したときの感覚であるキータッチに基づいてキー操作が行われる．この感覚は，キーを押下する力とキーの移動によって決定される．英文キーボードの代表的な配列は，図2.1に示すQWERTY配列と呼ばれるものであり，ほとんどのパソコンやEWSではこの配列のキーボードが用いられている．QWERTY配列は，操作性の点では人間の指運動特性に対する配慮が十分ではないため，各指への負担や入力速度の面で問題があるとされており，これに代わるキーボードが種々開発されているところである．矢印キーに関しては，図2.2に示すような種々のタイプが存在する．キーボードの入力方式とキー配列の比較・検討は，覚えやすさ，学習のし

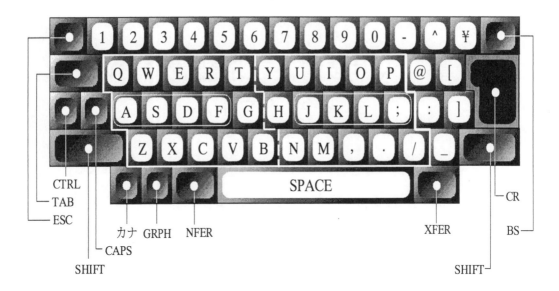

図2.1　QWERTYキーボード配列

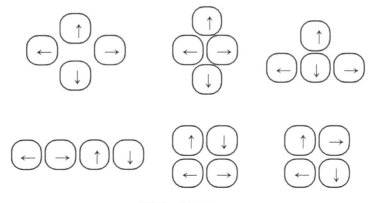

図2.2　矢印キー

やすさなどの認知情報処理特性を考慮して行われるべきである.

2.1.2　マウス，トラックボール，ジョイスティックなど－間接型－
　間接型入力（ポインティング）装置の代表的なものは，マウスであり，マッキントッシュ用のボタン1個のもの，PC9801やDOS/V用のボタン2個のもの，EWS用のボタン3個のものや，最近では，VR（Virtual Reality，人工現実感）用の3Dマウスなど種々のものが存在する．マウス操作では，机上でマウスを滑らせるとボールが回転し，その回転量をX方向とY方向に設置したパルス発生器によって検出し，これに応じてディスプレイ上のカーソルを移動させる．カーソル移動後の対象の選択は，ボタンによって行われる．機械式のマウスは，構造的にも簡単で操作性に優れているが，劣化やボール表面，マウスパッドにゴミが付着することによってボールが滑りやすくなると操作が不正確になる．これらの欠点を補うために光学式マウスが開発された．この原理は，LEDとフォトセンサを内蔵し，格子

をもつ専用のプレートを使用する．

　トラックボールは，マウスとほぼ同じ原理に基づくものであるが，構造的にはマウスを裏返した形になっており，ボールを直接手で回転させる．最近では，ノートパソコンに装備されている場合が多い．ジョイスティックは，スティックに加えられた力を検出して，これに比例してディスプレイ上のカーソルを移動させる．力の検出には，歪み計を利用するものとコンデンサの静電容量の変化を利用するものがある．トラックボール，ジョイスティックともに，マウスと同様ボタン押しによって対象の選択が行われる．これらの装置のほかにもTVゲームでよく用いられるジョイカードがあるが，原理はほぼ同様である．

2.1.3　タッチスクリーン，ライトペン－直接型－

　最近では，銀行のキャッシュ・ディスペンサーはほとんどが，タッチスクリーンを用いている．タッチスクリーンは，1本の指を用いて入力を行うため，キーボードを使い慣れているユーザにとっては，物足りなく感じられるかも知れないが，キーボードにそれほど慣れていない大半のユーザにとって，非常に容易に入力が可能である．また，タッチスクリーンでは，キーボードのように練習効果が認められないのも，その特徴の1つである．ライトペンは，最近あまり用いられることがないが，これもタッチスクリーンと同様の原理で入力を行う．タッチスクリーンのようにCRTにタッチパネルを取付ける必要はなく，CRTの必要な部分にペンの先をタッチしてペンを軽く押すことによって，メニュー選択などの入力操作を行うことができる．ライトペンの場合には，タッチスクリーンのように解像度は高くなく（タッチスクリーンでは，640×400が一般的であるが，ライトペンは80×25程度である），細かな入力は不可能であった．

　直接型入力装置として，最近ではペン入力技術が用いられるようになった．例えば，ワープロなどでもキーボードではなくペンで書かれた情報を文字認識することによって入力可能なものも発売されている．また，超小型のパーソナルコンピュータが，最近では発売されているが，これらの中にもペン入力技術を取り入れたものがある．タッチスクリーンなどの場合と同様に，コンピュータを使い慣れていない人でも容易に入力することができる．また，1回のペン操作で位置や範囲の指定や処理の指示が可能である．ペン入力は，タッチスクリーンやライトペンと同様に練習しなくても使用でき，直接操作が可能で，図形入力や編集操作が容易であるが，入力速度が遅く，長時間や大量の文字入力には不向きであるという欠点もある．

2.1.4　入力装置の操作性の評価

　ここでは，以上の入力装置の操作性を比較したいくつかの実験結果と入力装置の操作性の評価法について考えてみる．まず，Cardら（1978）[3]の実験結果について述べる．ここでは，マウス，ジョイスティック，キーボード（テキストキー，ステップキー）を用いたポインティング実験を行い，それぞれの習熟特性を調べるとともに，ターゲットまでの移動距離とターゲットの大きさを実験パラメータとして，ポインティング時間（ターゲットがCRTに現れてから，ここにマウスカーソルを移動させ，ポイントし終わるまでの時間）のモデル化を試みた．モデル化では，Fittsの法則（1954）[4]が用いられた．その結果の1例を図2.3に示すように，ポインティング時間は，Fittsの法則によって高い精度でモデル化できることが明らかになった．Welford（1960）[5]によれば，移動距離をd，ターゲットの大きさ

12

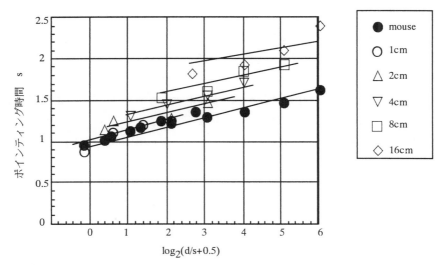

図2.3 Cardら（1978）[3]の実験結果（ジョイスティックとマウス）

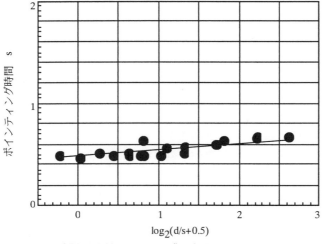

図2.4 村田（1992）[6]の実験結果（ライトペン）

をsとすれば，ポインティング時間ptは次式で与えられる．

$$pt = a + b\log_2(d/s + 0.5) \qquad (1)$$

ここで，aとbはパラメータで，$\log_2(d/s+0.5)$はポインティングの困難度を表す．村田（1992）[6]では，マウス，ジョイスティック，ジョイカード，ライトペン，タッチスクリーン，キーボードの6種類の入力装置の操作性の評価方法について検討を加えた．大まかな結果を図2.4と図2.5に示す．移動距離別に求めた式（1）の直線の関係を図2.6のように大まかに2つのタイプに整理した．ここで，d_1，d_2，d_3，d_4は移動距離を表し，$d_4 > d_3 > d_2 > d_1$の関係にあるものとする．図2.3に示したCardら（1978）[3]のジョイスティックは，タイプIに，村田（1992）[6]の間接型はタイプIIに属していた．両タイプともに，ター

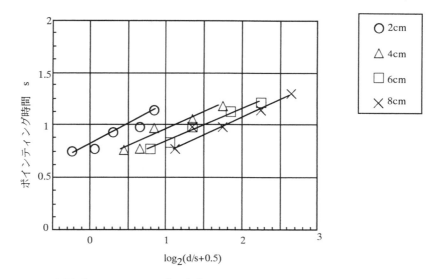

図2.5　村田（1992）[6)]の実験結果（ジョイカード）

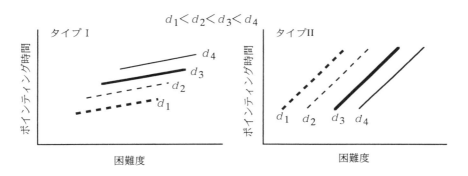

図2.6　操作性の評価方法

ゲットの大きさsの操作時間への影響が小さければ傾きbが小さく，sの影響が大きければbも大きくなった．タイプIとIIの大きな違いは，移動距離dの操作時間への影響が認められるかどうかである．タイプIでは，移動距離dの影響が大きく認められ，移動距離ごとに不連続な操作が必要であると推察されるが，タイプIIでは，移動距離の影響はほとんど認められない．すなわち，村田（1992）[6)]で用いられた間接型のほうが，操作時間は移動距離の影響を受けにくく，Cardら（1978）[3)]の実験のジョイスティックよりも移動距離の影響からみた操作性が高いと判断できる．タイプIIの状態からsの操作時間への影響小さくなるにつれて，bが小さくなり，村田（1992）[6)]の図2.4のライトペンのようなs，dの影響がほとんど観察されない直線が得られると判断される．操作性の評価法についてまとめておく．ここでいう操作性とは，dとsの操作時間（ポインティング時間）への影響の観点から判断されるものである．この観点からは，村田（1992）[6)]の直接型のように移動距離ごとに分けなくても，困難度と操作時間の関係がFittsの法則に十分適合するもの，すなわちdとsの操作時間への影響が小さいものが望ましいといえる．これが成立しない場合には，図2.6のタイプIとIIに分類されるが，前述の通りdの影響を受けないタイプIIのほうがdの操作時間への影響の観点からは望ましいと考えられる．また，タイプIIでも，できるだけsの影響の小さいもの，換言すれば傾きbの小さいものほど操作性が高いと判断できる．

2.1.5 パフォーマンス・モデルの2次元的な動きへの拡張

　以上の研究では，従来1次元的な移動に対して用いられていたFittsの法則を2次元的な動きに対して適用したものであるが，Fittsの法則を2次元的な動きに対して拡張した新しいモデルについて述べておく．詳細に関しては，Murata(1996)[7]，村田（1996）[8]を参照いただきたい．1次元的な動きを対象として考えられたFittsのモデルを2次元的なマウスなどの入力装置のカーソルの動きに適用するには種々の問題があることが指摘されている（例えば，MacKenzieら（1991）[9]，MacKenzieら（1992）[10]）．Murata(1996)[7]や村田（1996）[8]では，次の4つのパフォーマンス・モデルとターゲットの大きさsに関する5つの定義式を用いて，2次元平面上の動きをモデル化する場合に，どの組み合わせが最適であ

$$pt = a + b\log_2(d/s + 0.5) \qquad (2)$$

$$pt = a + b\log_2(d/s + 1.0) \qquad (3)$$

$$pt = a + b \cdot d + c(1/s - 1.0) \qquad (4)$$

$$pt = a \cdot d^b \cdot s^c \qquad (5)$$

$$s = W' \qquad (6)$$

$$s = \min(W, H) \qquad (7)$$

$$s = W + H \qquad (8)$$

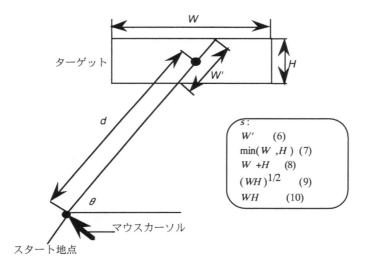

$s:$
W' (6)
$\min(W, H)$ (7)
$W + H$ (8)
$(WH)^{1/2}$ (9)
WH (10)

カーソルの移動方向: θ: 22.5, 45, 67.5degree
左上から右下:0
右上から左下:1 d: 110, 190, 270, 350dots
右下から左上:
左下から右上:3   ターゲットの面積: 約 35, 65, 80, 100dot^2

図2.7　ターゲットの大きさの決定法の概略

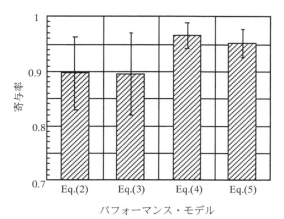

図2.8　パフォーマンス・モデルでの寄与率の比較

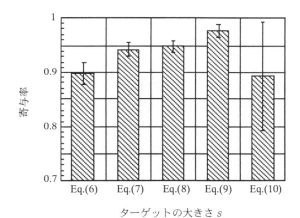

図2.9　ターゲットの大きさでの寄与率の比較

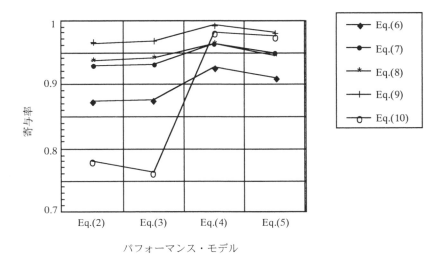

図2.10　寄与率に対するパフォーマンス・モデルとターゲットの大きさの交互作用

$$s = \sqrt{W \cdot H} \qquad (9)$$

$$s = W \cdot H \qquad (10)$$

るかを検討した.

　ターゲットの大きさの決定法の概要を図2.7に示す. 各モデルとsの定義式を操作時間 (ポインティング時間) に適用したモデル化の結果を図2.8から図2.10に示す. 図2.8に示されているように, 重回帰分析に基づくモデルのほうが, Fittsの法則に基づくモデルよりもデータへの適合性が高く, 式 (4) のモデルが最も優れていた. ターゲットの大きさsの式に関しては, 式 (9) の寄与率が他の定義式よりも有意に高かった. また, 図2.9に示すパフォーマンス・モデルとsの定義式の交互作用 (interaction) から, パフォーマンス・モデル, sとしてそれぞれ式 (4) と式 (9) を用いた場合に寄与率が最も高く, この組み合わせがマウスのポイント操作では最適であることが明らかになった.

2.2　表示装置

　人間に情報を伝達する場合の最も有効な手段は, 視覚に訴えることであり, CRT (Cathode Ray Tube) を用いた表示は最も自然な表示方法である. CRT表示における問題点は, 画面の大きさと容量である. 画面の大きさは, 画面の対角線をインチで測った値として, 14インチ, 21インチなどと表す. 画面の容量は, 1つの画面にどれだけのピクセル (画素) を表示するかで表す. 画面の大きさと容量によって, 解像度が決まってくる. 文字情報に基づくコミュニケーションは我々が長い間行ってきた方法であるため, 一般には, CRTに表示する情報は, 文字が主体で, 図形や画像は文字情報を補う形になっている場合が多いが, これからはマルチメディア技術の普及とともに, 図形や画像を中心としたコミュニケーションが必要になる. そのためにも, 表示装置の表示性能の向上は必要不可欠になる. 特に, 画像を処理するための計算速度やディスプレイが画面を描き変える速度のアップが重要である. 通常のNTSC方式のテレビでは, 毎秒24回画面を描き変えて, 525本の走査線 (ただし, 見える部分は483本) を走らせている. 最近普及してきたハイビジョンでは, 走査線の数が1125本で, 毎秒60回画面を描き変えることができる.

　CRTの代わりに, ノート型コンピュータなどでは, 液晶ディスプレイが用いられるようになってきている. CRTに比べると, 液晶ディスプレイでは, ディスプレイを見ることが可能な角度が狭い. すなわち, 脇のほうから液晶ディスプレイを見ようとしてもあまりよくは見えず, ほぼ正面から画面を見るようにして使わなければならない. また, CRTディスプレイに比べると画質が見劣りすることは否めないが, 軽量であるなどの利点があるため, 今後の技術改良が期待される.

2.3　音声による入出力

　人間同士のコミュニケーションでは, 音声が重要な媒体となっていることはいうまでもない. これを人間とコンピュータのインタフェイスにおいて利用することは, 非常に有効であるように思われる. 近年の音声認識技術の進歩に伴って, 徐々にではあるが音声入力や音声出力が実用化されつつある. ここでは, 音声によるインタフェイス技術について考えていくことにする.

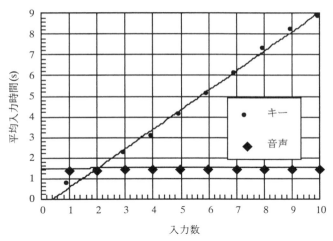

図2.11　音声とキー入力のトレードオフに関する実験結果

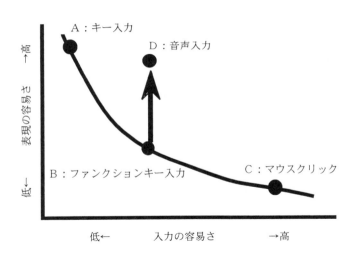

図2.12　入力の容易さと表現の豊富さのトレードオフ

2.3.1　音声入力

　音声入力の有効な利用形態について考えていくことにする．音声入力によって，キー入力よりも種々のコンピュータ作業の作業効率が高まることが報告されている（村田（1994）[11]，Poock(1982)[12]，Morrison(1984)[13]，Gould(1983)[14]）．その一方では，DeHaemerら（1994）[15]によって報告されているように，キー入力の代わりに逐一音声入力していたのでは，入力速度はキー入力のほうが速くなる．音声入力用の音声認識ボードの性能は，以下の6つの要因に左右される：単語認識のスタイル，スピーカー依存性，ボキャブラリの大きさ，文法の設計，フィードバックのメカニズム，使用環境．以上の6点に注意して音声認識装置を慎重に選ばねばならない．単語認識のスタイルとは，離散的に単語を認識するか連続的に単語を認識するかということである．離散的な音声認識システムでは，単語の発声前後で小休止が入り，インタフェイスの自然さが犠牲になる．連続的な音声認識システムでは，このような問題点は生じないが離散的システムに比べて価格的に高くなる．スピーカ依存性にも特定話者方

18

式（speaker-dependent）と不特定話者方式（speaker-independent）の2つのタイプが存在する．特定話者方式では，使用する個人ごとに音声認識させる単語を登録しておく必要があるが，不特定話者方式ではこの必要はなく，製造メーカーが用意した単語モデルを用いてほぼ万人に共通の認識を行う．価格的には不特定話者方式のほうが特定話者方式よりもかなり高価になる．ボキャブラリの大きさ，すなわち認識可能な単語の数は，装置の価格にも依存するが，あまりにも多数の単語が認識可能なものは，マッチングに時間を要し，誤認識率も高くなる．文法の設計では，単語を発生する順序をいかにするかを決定せねばならない．この順序は，音声認識装置が単語のマッチングを行うための検索時間を制限することがあるため，注意が必要である．フィードバックには視覚フィードバック，聴覚フィードバック，視聴覚を併用したフィードバック3種類がある．作業環境のバックグラウンドノイズが，認識率に大きく影響するため，作業環境には十分な注意を払う必要がある．また，キー入力が不可能なケースでは，音声は有力な入力手段となり得る．音声によってコンピュータへの入力が可能になれば，他の仕事をキーボードで実行することができ，非常に効率的ではないかと考えられる．音声入力をインタフェイスとして付加すれば，少なくとも次の2つの理由から効率アップにつながると

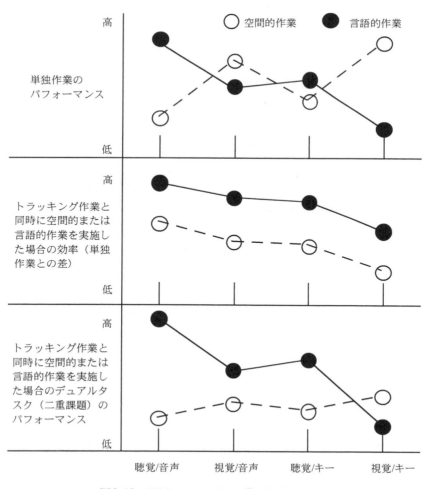

図2.13 Wickensら（1980）[18]の実験結果の概要

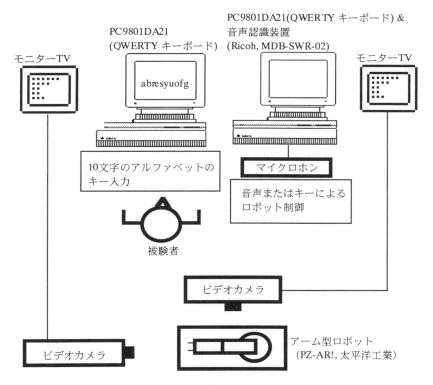

図2.14　村田ら（1995）[20]の実験の概要

考えられる．(1) 一般的には，音声はキー入力よりも速い（ただし，キー入力に非常に熟練した作業者の場合にはこれは成り立たないかも知れない），(2)マルチタスク（すなわち一度に複数の作業を遂行する）の状況では，音声入力によって手入力のほかに付加的な応答チャンネルが用意でき，作業負荷が分散され，作業効率のアップにつながる．音声入力の有力な適用状況としては，マルチタスクが考えられる．音声入力がキー入力よりも必ず速くなるわけではなく，ある条件まではキー入力のほうが速く，ある条件を越えると音声入力のほうが速くなる．この点について村田（1996）[16]によって検討が加えられ，音声入力とキー入力時間のトレードオフの関係が明らかにされた．結果の概要を図2.11に示す．さらに，音声入力の有効利用を考えていく場合には，入力の容易さと表現の豊富さのトレードオフを考えていくことが重要である点が述べられている．図2.12に示されているように，入力の容易さに関しては，マウスなどのポインティング装置が最も高く，キーボードが最も低い．ファンクションキーや音声はこれらの中間に位置する．一方，表現の容易さに関しては，入力の容易さとは逆に，キー入力が最も高く，マウスが最も低い．ファンクションキーと音声を比較すれば，音声のほうが表現はしやすい．以上の点から入力用のインタフェイスとして，音声が他の入力方法に比べて，非常に有効であることがわかる．

2.3.2　マルチタスクの状況における音声入出力の有効性

　音声入力と音声出力によって，人間の認知情報処理能力がいかに高められていくかについての考察を行う．Triesmanら（1973）[17]によって，2つの刺激を同時に被験者に提示して，これに対する判断を

行う場合には，視覚刺激もしくは聴覚刺激のみとして提示するよりも，視覚刺激と聴覚刺激に分けて提示するほうが作業のパフォーマンスが高まることが示された．また，Wickens（1980）[18]，Wickensら（1981）[19]は，異なる作業を異なる応答手段で遂行した場合には，それぞれの作業に対する認知情報処理が並列的に行われ，お互いが干渉しないという理論（multiple resource theory）を提唱し，これを二重課題（デュアルタスク）の状況で確認した．ここでは，被験者はターゲットのトラッキング（追跡）と数字の入力などの作業を2つ同時に実行する．ここで，2つの作業に対する入力がともに視覚入力として行われた場合よりも，トラッキングを視覚入力で，数字の入力を聴覚入力で被験者に提示した場合に作業効率が高まる結果が得られ，multiple resource theoryが検証された．

　multiple resource theoryについてさらに詳しく検討を加えていくことにする．ここでは，入力様式の競合と出力様式の競合に分けて議論を進めていく．Wickens（1980）[18]，Wickensら（1981）[19]は，2種類

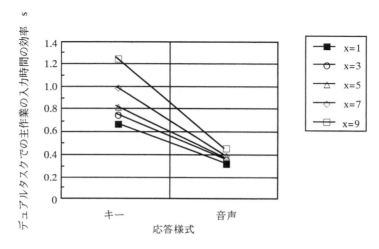

図2.15　デュアルタスクでの主作業の入力時間の効率の音声とキー入力での比較

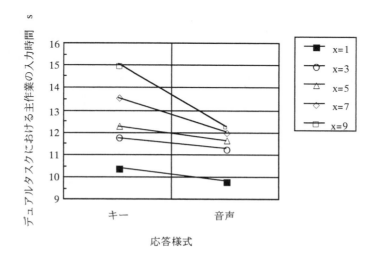

図2.16　デュアルタスクでの主作業の入力時間の音声とキー入力での比較

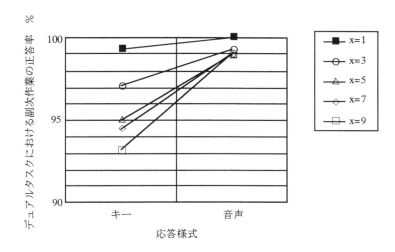

図2.17　デュアルタスクでの副次作業の正答率の音声とキー入力での比較

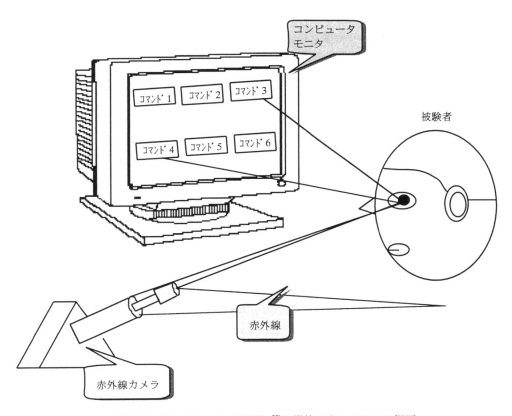

図2.18　Hutchinsonら（1989）[22)]の視線入力システムの概要

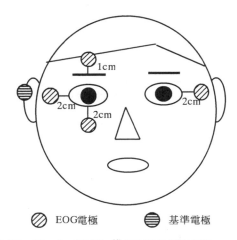

メニュー画面				カーソル		
A	B	C	D	E	F	G
H	I	J	K	L	M	N
O	P	Q	R	S	T	U
V	W	X	Y	Z	sp	<-
						end

HELLO EVERYON

◍ EOG電極　　◍ 基準電極

図2.19　Gipsら（1993）[23)]のEOGの電極配置　　**図2.20**　Gipsら（1993）[23)]の視線入力システムの応用

の二重課題実験を実施した．実験１では，主作業をトラッキング，副次作業を記憶探索，実験２では，主作業をフライトシミュレーション，副次作業を言語的作業もしくは空間的作業とした．副次作業は，視覚刺激または聴覚刺激のいずれかとして提示され，キーまたは音声によって応答する．ここで実験１，２ともに主作業はすべて視覚入力され，キーボードを用いて作業を遂行する．副次作業の刺激が視覚入力された場合には，主作業との競合（competition）が生じて副次作業のパフォーマンスが低下し，特に実験２の空間作業ではこの傾向が顕著であった．副次作業が聴覚入力された場合には，このような結果は観察されなかった．一方，出力様式の競合に関しては，副次作業をキーで応答したほうが音声で応答した場合に比べて，主作業のパフォーマンスが低下した．以上のことより，認知的／離散的な副次作業は，出力様式よりも入力様式の競合によって，そのパフォーマンスが低下し，主作業は，副次作業の出力様式との競合によってそのパフォーマンスが低下することが示された．Wickens（1980）[18)]，Wickensら（1981）[19)]は，コンパチビリティ（compatibility）について，以下のように整理した（図2.13参照）．まず，S-R（Stimulus-Response）コンパチビリティについては，言語作業ではA（Auditory）／S（Speech）（刺激が聴覚提示され，音声で反応する場合）のコンパチビリティが最も高く，空間的作業ではV（Visual）／M（Manual）のコンパチビリティが最も高い．S-C（Stimulus-Central Processing）コンパチビリティに関しては，言語的作業では，視覚情報よりも聴覚情報を保持しやすく，聴覚（A）のコンパチビリティが高い．空間的作業では，聴覚情報提示よりも視覚情報提示のほうが作業効率が高まる．C-R（Central Processing-Response）コンパチビリティに関しては，空間的作業では，Sのコンパチビリティが低く，Mのコンパチビリティが高い．言語的作業では，Sのコンパチビリティが高く，Mのコンパチビリティが低い．以上を総合して，言語的作業では，V/M，A/M，V/S，A/Sの順に（ただし，A/MとV/Sで差はない）コンパチビリティが高くなり，空間的作業では，A/S，V/S，A/M，V/Mの順に（ただし，A/MとV/Sで差はない）コンパチビリティが高くなる．村田（1995）[20)]，Murata（1997）[21)]（実験の概要を図2.14に示す）によっても同様の結果が示され，副次作業をキー入力で実施した場合には，主作業と出力の競合が生じて，作業効率が低下することが明らかになった．この傾向は，副次作業の作業負荷が高まるにつれてますます顕著になった．副次作業を音声で実施した場合には，このような結果は認められず，音声入力のインタフェイスにおける有効性が明らか

にされた．その結果の概要を図2.15（デュアルタスクでの主作業の入力時間の効率），図2.16（主作業の入力時間），図2.17（主作業の正解率）に示す．デュアルタスクでの主作業の入力時間の効率とは，デュアルタスクとシングルタスクの主作業の入力時間の差を表す．Wickens（1980）[18]，Wickensら（1981）[19]と村田（1995）[20]，Murata（1997）[21]の違いは，前者が連続的作業と離散的作業からなるのに対し，後者は 2 つの離散的作業からなる点である．要するに，村田（1995）[20]，Murata（1997）[21]は，Wickens（1980）[18]，Wickensら（1981）[19]の結果が， 2 つの離散的作業からなるデュアルタスクの状況でも成立することを明らかにした．以上のように，音声入力と音声出力のマルチタスクでの有効利用の可能性が示唆される．

2.4　視線による入力技術

　最後に，これまでに行われてきたアイカメラなどを用いた視線入力によるインタフェイスに関する研究について述べる．Hutchinsonら（1989）[22]は，図2.18のようなシステムを用いて，ユーザの視線がコンピュータスクリーンのどこに向けられているかを計算するシステムを作った．ここでは，視線がどこに向けられているかを計算した後に，メニュー選択に関連したコマンドを実行する．ユーザは，選択しようとする部分に視線を向けることによって，メニューを選択してアプリケーション・ソフトウェアを走らせたり，周辺機器を制御することができる．Gipsら（1993）[23]は，EOG（Electronic Oculography）によって，コンピュータへの入力を行うシステムを開発した．目の周りに置かれた電極の増幅データを利用して，ユーザが，目と頭の動きに基づいて，スクリーン上のカーソルをコントロールできるシステムを作成した．このシステムを用いて，視線入力によってユーザはスクリーン上でスペルをつづることができる．図2.19に示すように耳朶を基準電極として，電極を配置する．電極は，右眼の外側の眼角の右2cm，左眼の外側の眼角の左2cmと右のまゆ毛の上1cm，右眼の下2cmに配置した．EOGの増幅データをマッキントッシュに取り込んで，キャリブレーションを実施することにより，これをスクリーン上のカーソルをコントロールできるように処理した．例えば，図2.20に示したようなスクリーン上の画面のスペルを視線で入力できるようにした．被験者は，視線入力と頭部の移動により所望のグリッドにカーソルを移動させ，そこに一定の時間カーソルをとどめておくことによって，入力を実施する．20文字を平均して21sで入力できるという結果が得られた．これらの 2 つ以外にも，視線入力による人間とコンピュータのインタフェイスに関しては，伴野（1992）[24]，Jacobs（1991）[25]，Jacobs（1986）[26]によっても研究されているので，それぞれの文献を参照いただきたい．

　視線以外に脳波による入力（インタフェイス）技術が，Farwellら（1988）[27]，Walpawら（1991）[28]，Duffy（1989）[29]によって研究されている．これらの入力インタフェイスでは，CRTの格子点に文字を配置し，格子の行と列を交互にフラッシュさせることを繰り返して，この際の脳波（EEG: Electroencephalography）を計測する．脳波の律動を解析することによって，被験者が凝視している文字を決定し，これを繰り返しながら文字入力を実施していく．ただし，この方式は前述の視線入力に比べて入力時間は極めて遅く，一般的な使用には不向きであるが，眼球さえも十分に動かすことができず，自分の意志のみが健常な重度の障害者にとっては，コミュニケーションのための唯一の手段であるため，その実用化は必要不可欠である．

第3章　人間とコンピュータの対話方法

　本章では，ヒューマン・インタフェイスの良し悪しに影響する人間とコンピュータの対話における諸要因について検討を加えることにする．まず，メッセージをわかりやすく伝えるとはいかなることかについて説明し，メッセージを伝えるための重要な手段であるコマンド言語やプログラミング言語の設計における要点を述べる．次に，GUIにおける配慮事項を述べ，わかりやすいアイコンとはどのようなものかについて実験結果を引用して説明する．メニュー選択画面のインタフェイス設計法，スクリーン（画面）の設計法（特に画面の複雑さの評価手法）についても触れる．さらに，マルチ・ウィンドウシステムの設計上の配慮事項，コンピュータの反応時間に関する種々の問題点，マニュアルやオンラインヘルプの設計上の注意事項について述べ，わかりやすい文書とはどのようなものかについて検討する．最後に，マルチメディアとハイパーテクストにおけるインタフェイスの問題を述べる．

3.1　情報をいかにして伝えるか

　人間とコンピュータの対話は，コマンド言語によって行われる．コマンド言語には，CやFortranなどのプログラミング言語やUNIX，DOSなどのコマンドがある．人間とコンピュータの情報伝達を効率的にするためには，コマンド言語の設計の良し悪しが非常に重要になってくる．コンピュータ側から人間側に情報を伝える場合には，メッセージによって種々のやりとりが行われる．一般には，メッセージは視覚情報として提示される場合が多いが，聴覚情報も付加することによって対話の幅が広がり，対話の正確さを期することも可能になる．視覚情報と聴覚情報では，認知情報処理特性が異なり，一般には視覚情報の処理のほうが大容量で正確である．一昔前までのコンピュータ・システムでは視覚情報が中心であったが，近年はマルチメディア技術の普及に伴って，視聴覚併用提示の形態も増えてきたように思われる．また，コンピュータへ人間側から働きかける場合には，従来はキーボードやマウスが用いられていたが，近年では音声認識技術の発展に伴って，音声による入力も入力方法として注目を集めるようになってきた（詳細に関しては，第2章を参照）．また，コマンド言語のほかに，コンピュータのメッセージの適切さ，GUI（Graphical User Interface），メニュー選択画面の適切さ，スクリーン設計の適切さ，マルチ・ウィンドウシステム設計の適切さ，ヘルプ機能の適切さ，コンピュータ側の応答時間の問題などの諸要因がヒューマン・インタフェイス設計の良し悪しに大きく影響する．以上の関係を図3.1にまとめておく．以後，これらの項目について順次述べていく．

3.2　メッセージの設計

　メッセージの設計について述べておく．最近では音声合成技術の普及で音声によってメッセージを

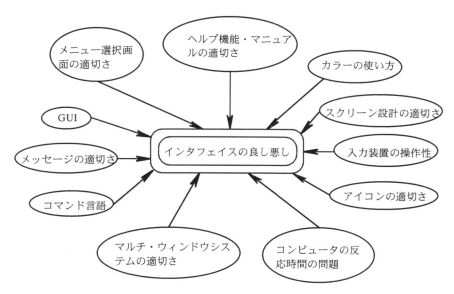

図3.1　インタフェイス設計の良し悪しに影響する諸要因

出力することができるようになってきた．まず，メッセージの設計では，メッセージを正確に伝えることが重要になってくる．メッセージの提示においては，人間の会話のようにあいまいな部分は避けるべきである．また，コンピュータのメッセージは，禁止形（例えば，「右折禁止」）よりも促進形（例えば，「直進または左折ができます」）のほうが望ましいとされている．ただし，禁止事項を強調したい場合には，禁止形が使われることがある（例えば，道路標識のUターン禁止）．また，二重否定形を用いたメッセージは望ましくない．すなわち，「駐車禁止ただし夜間と週末は除く」という表現よりも「月曜日の午前8時から午後8時までは駐車禁止」と書いたほうが，混乱や誤解が生じにくい．

　エラーメッセージなどユーザに何らかの対応を求める場合には，具体的に状況を説明し，対処しやすいような設計を心がける必要がある．UNIXのエラーメッセージ「Permission Denied」，「Illegal Command」，「Job Aborted」，「Invalid Data」などは初心者にとってはとっつきにくいメッセージであり，「割り当てた記憶領域を使い果たしたので，プログラムの実行を中止します」や「このディレクトリの保護モードはオーナー以外は変更できません」としたほうがエラーに対処しやすくなる．

　エラーメッセージのガイドラインを以下に示す．

　（製品）

・できる限り詳細かつ正確にする．

・何をすべきかを明記するようにする．

・肯定的な表現を使い，非難する表現は避ける．

・ユーザ中心で表現する．

・階層的なメッセージを考慮する．

・文法，用語，略語を統一する．

・フォーマット，配置を統一する．

（プロセス）
- 設計項目にメッセージを含める.
- 開発中にメッセージの見直しをする.
- できる限りメッセージの必要性をなくす.
- メッセージごとに出現頻度のデータを集める.
- 何回もメッセージを見直し，修正する.

3.3 コマンド言語の設計

　コマンド言語の設計では，正確さ，簡潔性，読み書きの容易さ，学習のしやすさ，エラーを極力減らすための単純さ，記憶のしやすさなどに配慮する必要がある．さらに，以下の目標が達成されるような設計を心がけねばならない.
- 現実と表記法（文法）が密接に対応している.
- ユーザが仕事を遂行する上で取り扱いが容易である.
- 現存する表記法（文法）と互換性があること.
- 初心者でも熟練者でも使用できる柔軟性がある.
- 表現力に富み，想像力を喚起すること.
- 視覚に訴えるものがある.
- 話しやすい（発声しやすい）こと.

　コンピュータ関連の言語の大部分は，英語の文法を基礎にしている．文字あるいは文字列の追加，削除，書き換え，検索などの文書編集コマンドについて考えてみる．この場合，add, delete, replace, searchなどの動詞をコマンドとして用いる．ただし，これらの動詞にはそれぞれinsert, erase, change, findなどのよく似た意味の動詞が存在し（ただし，英語のニュアンス的には全く同じ意味を表すものではないかもしれないが），英語の常識をそのままコマンド言語の利用の際に適用したのでは，混同を招くおそれがある．一般には，英語の意味がコマンド言語の中で果たす機能に大まかには対応しているものの，コマンド言語の中での文法を知らなければ，英語の常識だけからは推測できない場合が多い．コマンド言語の設計では，英語の文法をある程度は踏襲して，混同を生じさせないように，理解しやすく，覚えやすいものにしなければならない．コマンド言語を用いる場合には，例えばdelete, insertなどの入力でdやiなどを入力してもよいように近道を用意している場合が多い．しかし，先頭文字が同じになるようなコマンドがある場合には，混乱を招くおそれが強くなる.

　また，上下左右へのカーソルの移動に関しては，エディタごとにかなり異なるキーが対応付けられている．例えば，現在はあまり用いられていないがUNIX用のviエディタでは，上下左右のカーソルの移動は，それぞれkjhlに対応付けている．nemacs (mule) などでは，上下左右をp (previous), n (next), b (backward), f (forward) に対応付けている．また，テンキーの8246を上下左右に対応付けているものや，上下左右をu (up), d (down), l (left), r (right) に対応付けているものもある．このように色々な代替案が可能な場合の設計では，注意が必要である.

　消去などのコマンドは，必ず確認のメッセージを表示するように設計すべきである．さらに，直前に実行したコマンドを白紙撤回するundoの機能も重要である．これらの機能は，現在ではほとんどのシステムに装備されているものと思われる.

3.4　Graphical User Interface(GUI)

　メッセージやコマンド言語（プログラミング言語）などの言語的なインタフェイスに加えて，図的なインタフェイスすなわちGraphical User Interface（GUI）も重要であり，近年ではUNIXマシン，マッキントッシュ，DOS/VなどほとんどのコンピュータでGUIが普及している．メニューに基づいてコマンドを与える場合でも，メニューには何通りかの形式がある．画面あるいはウィンドウの上端に1行分確保して，そこにメニュー項目を並べておくものをメニューバーと呼ぶ．メニューバーは，常に表示しておくため，あまり多くのスペースを取ってはならない．また，上端でなく下端や左端に配置してもよい．メニューバーでは，選択すべき項目数を少数に限るほうがよい．メニューの表題だけが画面にあり，そこにマウス・カーソルを移動してボタンをクリックすればメニューの本体が小さなウィンドウとして飛び出してくる形をポップアップメニューと呼ぶ．これは，必要なときだけメニューを呼び出すため，非常に便利で，何層にもメニューを構成することができる．ポップアップメニューは，項目の中から1つだけ選択する場合だけではなく，複数の項目の組み合わせを選択する場合にも使える．メニューバー，ポップアップメニューのいずれの場合に関しても，項目が個々のコマンドや属性などを示しているのか，別のポップアップメニューの表題を示しているのかを一目瞭然に区別できるようにしたほうがよい．また，ある局面で選択可能な項目の数は，あまり多すぎないほうがよい．項目数が2から3個で少ない場合には，他のメニューと併合し，項目数が10個を越える場合には，複数のポップアップメニューに分割したほうがよい．Schneiderman(1987)[2]は，メニューの形を長方形ではなく，円グラフのような形にしたパイ型メニューを提案している（図3.2参照）．メニューの各項目は，扇型で表され，円の中心から選びたい項目の扇型へマウスを動かせばよいため，マウスの移動距離は通常の長方形型のメニューよりも短い．ただし，パイ型メニューの場合には，長方形型のメニューに比べてメニュー項目を記入しにくい．

　通常は文字を用いて選択肢を表すが，文字の代わりに図形を用いた場合をアイコンという．複数のアイコンの中から1つのアイコンを選択すると，そのアイコンが表す命令が実行される．アイコンの使用では，簡単な図や絵を用いてその内容を表すことが重要であるが，アイコンを作った本人にはその意味がわかっても他人からみたら何を表しているかわからないようでは全く無意味である．また，アイコンに関しては，最初見たときには理解できなくても，一度その意味を覚えた後には自然になじむような性質を有していることは重要である．すなわち，覚えやすさ，なじみやすさのほうを，直感的な理解のしやすさよりも優先すべきである．以上のようにアイコンの設計は，コマンド言語の設計と同様にヒューマン・インタフェイスでは非常に重要な要因の1つである．最近のコンピュータのマ

図3.2　Schneiderman(1987)[2]のパイ型メニュー

表3.1 色表示における人間工学的ガイドライン

項目	内容
色を隣接させるときの制約	再焦点合わせ，眼精疲労の観点からは，スペクトル上で両極端に位置する高輝度の色（例えば，赤／青，赤／緑，青／黄，緑／青）を並べて表示することは避ける．これらは，幻影，残像などを生じさせ，また輝度が高いほど視覚への影響は大きくなる．
青色の使用	人間は短波長の刺激に対する反応が弱いため，青は細線や文字，小さな図形に使用することは避ける．
明るい色の禁止	まぶしさ，ちらつきを避けるために，広範囲の領域に対しては，白や黄色などの明るい色の使用は避ける．人目を引くことを目的としている場合は別．
背景色の選択	比較的小さな文字や図形に色を使用する場合には，背景色は暗い色にしたほうが，色をつけた文字や図形が読みやすくなる．

表3.2 色表示における認知科学的ガイドライン

項目	内容
一貫性	色の使い方には一貫性をもたせる．例えば，正常と異常のように逆の意味を表すのに，同じ色を使用したり，同じグループに属するラベルに別々の色を使用してはならない．
利用者による変更	色については，個人の好みの差が大きいため，利用者が変更できるようにしておく．
色の種類	色自体に意味をもたせて，色でメッセージを伝える場合の色の数は6色以下がよい．6色を越えると，意味を認識するための時間と精度が悪くなる．6色以上を使う場合には，凡例の表示やヘルプ機能によって色の意味が容易にわかるようにする．

ルチ・ウィンドウ画面は，ちょうど机の上で作業している環境をコンピュータのディスプレイ中に実現したように見えることから，デスクトップメタファと呼ばれている．これが効力を発揮するには，CRTのサイズがある程度大きくなければならない．ノート型やさらに小さい型のコンピュータでは，デスクトップメタファの効力は発揮されにくい．要するにデスクトップメタファでは，ユーザがCRT上の作業環境に没頭でき，コンピュータを使っている感覚を忘れて直接対象物を扱っている感覚で作業できることが必要不可欠である．GUI設計における色表示のためのガイドライン（吉田ら（1995）[30]）を表3.1と表3.2にそれぞれ人間工学と認知科学の原則からまとめておく．

　GUI設計とアイコンについて詳しく検討を加えていくことにする．GUIの設計で重要な点は，何をどのようにグラフィックスとして表現し，使いやすさを高めていくかということである．例えば，「インストールする前に，シリアルナンバーと所属を入力して下さい」という説明は，グラフィックス表現よりもむしろこのままのほうがわかりやすい．グラフ表示では，全体の傾向などは把握しやす

いものの，詳細な数値を読み取らせたい場合には不向きで，この場合にはむしろ表を用いたほうがよい．また，場所を文書で説明するよりも，地図で示したほうがわかりやすいことは自明である．GUI設計でもう1つ重要になるのは，一貫性をもたせることである．アイコン設計では，実際の状況との一貫性が高いものを設計していかねばならない．例えば，プリンタ，電卓，時計，消しゴムなどは，一目見てそれとわかるようにアイコンに作り上げねばならない．例えば，わからないことを調べるヘルプ機能と地図などの拡大表示のためのズーム機能を虫眼鏡で表現している場合があるが，これはユーザに混乱を招くおそれがある．同じ絵柄に2つの意味をもたせないような標準化が必要になるだろう．グラフィックの表示属性には，形状，色とその変化の3種類があるが，赤は危険や異常な状態，イベントの発生や終了を通知する場合には，ブリンク（点滅）を使用するといったように，一貫性をもたせた使用方法を決めておく必要がある．また，人間は形状や色の違いを識別する能力は高いという優れた能力を有するが，その意味を学習していくには時間を要する．したがって，あまり多くの表現属性が付加された場合には，学習が困難になりエラーや勘違いが頻繁に発生することにもなりかねない．違いが明確にわかる範囲で，必要最小限の表現属性を効率よく使用するように心掛けねばならない．

ISO（International Standard Organization）でアイコンの国際標準化が進められている．ISOで制定されているアイコンの例を図3.3に示す．読者の方は，これらのアイコンの意味を一目瞭然に理解できただろうか．著者も理解できないもののほうが多かった．オフィスメタファに基づくアイコンは，オブジェクト，指示用，作業用，制御用の4つのタイプに分けられる．その例を図3.4に示す．アイコンが具備すべき条件は，次のようなものである．

(1) 識別：コンピュータシステムのある状態や形態を表すときには，その他の状態や形態と明確に区別できなければならない．

(2) アイコンの変化：アイコンが使われている環境で状態などが変化しても，これを識別可能なようにしなければならない．

(3) 色の使用：色だけによってアイコンを区別することは避けたほうがよい．

(4) 一貫性：同一システム中では，同じアイコンに対しては常に同じ絵柄を使用する．

(5) 重ね合わせ：アイコンを移動して他のアイコンに重ね合わせる場合には，移動したアイコンが上になるようにする．

アイコン設計のための手順を図3.5に示す．手順は，次の7つから構成される．

(1) 抽象オブジェクトの決定：アイコン化する機能を概念的なオブジェクトに置き換える．目的の機能に対応した物理オブジェクトが存在する場合には，それを使用する．

(2) 共通オブジェクトの選定：抽象オブジェクトから，目的の機能に合致したオブジェクトのサブセットを選定する．

(3) 特定インスタンスの選定：代表でわかりやすいインスタンス（対象）を1つ選定すると同時に，概略の絵柄を決める．

(4) 基本構成要素の抽出：特定のインスタンス（対象）を構成する必須条件を抽出する．

(5) 基本構成要素の絵柄作成：抽出した基本構成要素に対応した絵柄を決定する．

(6) 絵柄作成：基本要素を合成することによって，アイコンの絵柄を決定する．

(7) 実装表現：画面上に決定されたアイコンを表示する．

コントラスト調整　　　イジェクト　　　　早送り，巻戻し

色の飽和度調整　　　ミュージック　　　全指向性マイクロホン

オートサーチ　　　　電池　　　　　　ヘッドホン

先生，先生呼出し　　　生徒　　　同調，選局，チューナー

ACプラグ　　　　　ラジオ　　　ハンドマイクロホン

図3.3　ISOで制定されているアイコンの例

　アイコンシステムの設計に関しては，Chang（1987）[31]に詳しく述べられているので，参考にしていただきたい．ここでは，アイコンの意味的側面と画像的側面が取り扱われており，アイコンシステムを記述していくためのアプローチ法がまとめられている．アイコンの意味的側面と画像的側面を構造的に記述するオペレータを提案し，さらに漢字を構成している法則に基づいて，複合アイコンを構築し，アイコン意味論を展開するためのアイコン代数学について考察した．

　アイコンの認知特性に関する本郷ら（1988）[32]の実験結果についてまとめておく．ここでは，以下の3つの観点からアイコンの認知特性に関する実験が行われた．ここでは，アイコンを図柄（抽象的，具体的の2水準）と内容（抽象的と具体的の2水準）の4つの条件の組み合わせで実験を実施した．

　(1) アイコンが正しく認識される率は，日常生活で見かける頻度とどのような関係があるか．

　(2) アイコンが正しく認識される率は，アイコンから受けるイメージが適切と感じる度合い（イメージ一致度）とどのような関係にあるのか．

　(3) アイコンから受けるイメージが適切だと感じる度合い（イメージ一致度）は，日常生活で見かけ

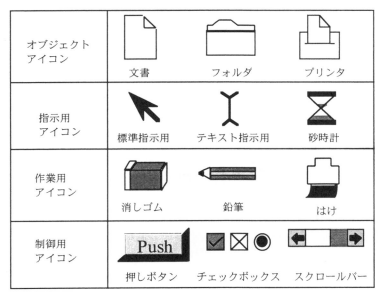

図3.4　アイコンの分類

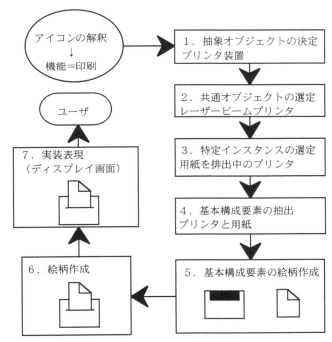

図3.5　アイコンの設計手順

る頻度とどのような関係にあるのか．

　結果の概略を表3.3と図3.6に示す．表3.3では，○または×が縦に並べば図柄の抽象性・具象性に関して一貫した傾向が見られることを示し，○または×が横に並べば表現内容の抽象性・具象性に関して一貫した傾向が見られることを表す．○は有意水準$p < 0.005$で有意差が認められることを，×は相関がないことを表す．アイコンが正しく認識される率とイメージ一致度および経験頻度は，いずれも有意

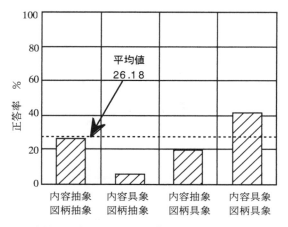

図3.6 本郷ら（1988）[32]の実験結果

表3.3 本郷ら（1988）[32]の実験結果

(a)正答率とイメージ一致度

図柄 内容	抽象	具象
抽象	○	○
具象	×	×

(b)正答率と経験頻度

図柄 内容	抽象	具象
抽象	○	×
具象	×	○

(c)イメージ一致度と経験頻度

図柄 内容	抽象	具象
抽象	×	×
具象	×	×

な正の相関を有していた．一方，イメージ一致度と経験頻度の間には有意な相関は認められなかった．以上より，イメージが適切と感じられる度合いは，日常生活で経験する頻度にかかわらず，アイコンを正しく認識する上で重要になることがわかる．正答率の高い，すなわち正しく認識されるアイコンを作るには，具象的内容を表す場合には，具象的な図柄を用いるほうがよいと考えられる．また，抽象的内容を表す場合には，図柄の抽象，具象にかかわらず，表現内容とイメージ一致度の高い図柄を用いることが有効であると結論付けられた．

3.5　メニュー選択

　メニュー構造には，図3.7に示すようなものが存在する．メニュー選択方式の設計のためのガイドラインは，以下の通りである．

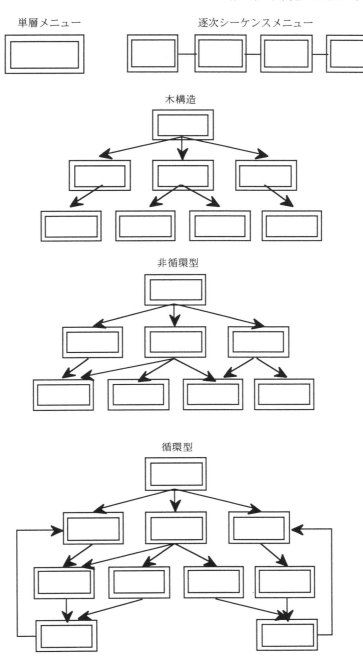

図3.7　メニュー構造

・タスクの意味構造を十分に考慮してメニューを構成する必要がある（単層，逐次シーケンス型，木構造，非循環および循環型のネットワーク）．

・広がりが小さく階層の深いものよりも，広がりが大きく階層の浅いものが望ましい．

・メニュー構造の中のどの位置に現在いるかがわかるようにする．

・項目の名前を次のメニュー（サブメニュー）のタイトルとして用いるようにする．

・メニュー内の項目を意味のあるグループに分割する．

・メニュー内の項目を意味のある順序で提示する．

・メニュー項目の表記は簡潔にする．

・メニュー中の用語などには一貫性をもたせる．

・メニュー中の移動では直接ジャンプなどのショートカット（近道）を用意する．

・直前のメニューやメインメニューへジャンプできるようにする．

・画面のサイズなどを考慮してメニューを設計する．

3.6　スクリーン設計

Tullis（1983）[33]は，スクリーンの複雑さに関して次の4つの評価基準を提案した．

1．全体密度（overall density）

全表示面積のうち表示されている文字の割合

2．局所密度（local density）

それぞれの文字を中心に視角5°の範囲内に表示されている平均文字数．その円内の全表示文字数に対する割合で表され，各文字からの距離で重み付けされる（図3.8参照）．視角5°という値は，人間がものを見る場合の焦点は約5°の視角内に集まるというこれまでの成果に基づいている．スクリーン上のそれぞれの文字に対するウェイトを計算し，総ウェイトに対するこの比率を求める．スクリーン上に配置されたすべての文字についてこの比率を計算し，スクリーン上に配置された文字の総数について平均をとったものが，局所密度である．

3．グルーピング（grouping）

「接続した」文字のグループの数．接続とは，各文字とそれに最も近い文字との間の平均距離の2倍以内にある文字の任意の組．もしくは，前に定義したグループがある範囲の視角の平均値で，グループ内の文字数で重み付けされる．すなわち，グルーピングとはスクリーン上のフィールド群の数を客観的に評価するためのものである．

4．レイアウトの複雑さ（layout complexity）

情報理論で定義されているものと同様で，画面上の標準点とラベルやデータ項目との間の水平方向および垂直方向の距離の分布である．これらの尺度によって，スクリーンの複雑さを客観的に評価できる．図3.9に全体密度と局所密度の計算例を示す．局所密度と全体密度を低くおさえれば，読みやすい表示になると考えられる．レイアウトの複雑さLCの計算方法を図3.10（村田[34]参照）に基づいて詳しくみていくことにする．LCは次式で計算される．

$$LC = -N \Sigma P_n \log_2 P_n \qquad (1)$$

ここで，Nはスクリーンに表示される文字または文字列の総数，Σは1からmまでの総和を表す．mは，垂直もしくは水平方向の配列の数を表す．P_nは，垂直もしくは水平方向の各配列に文字列または文字が出現する確率である．垂直方向と水平方向でLCを別々に誘導し，これらを加えたものがLCになる．単位は，ビット（bit）であり，LCのビット数が大きくなるほどフォーマットが複雑になる．図3.10では，垂直方向に関しては，$P_1 = P_2 = P_3 = P_4 = P_5 = 5／25$であるから，式(1)より$LC$は58.05ビットとなる．水平方向に関しては，$P_1 = P_3 = P_6 = P_7 = P_9 = 3／25$，$P_2 = P_4 = P_5 = P_8 = P_{10} = 2／25$であるから，$LC$は82ビットになる．以上より図3.10の$LC$は58＋82＝140ビットとなる．ただし，以上のスクリーンの複雑さの評価尺度は，大文字・小文字の問題，連続的なテキスト，グラフィック，マルチ・ディスプレイの

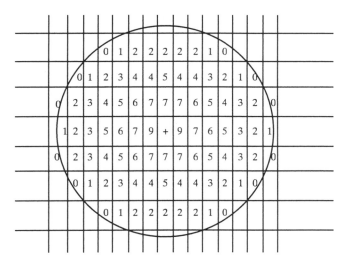

図3.8　局所密度の計算における重み付けの方法

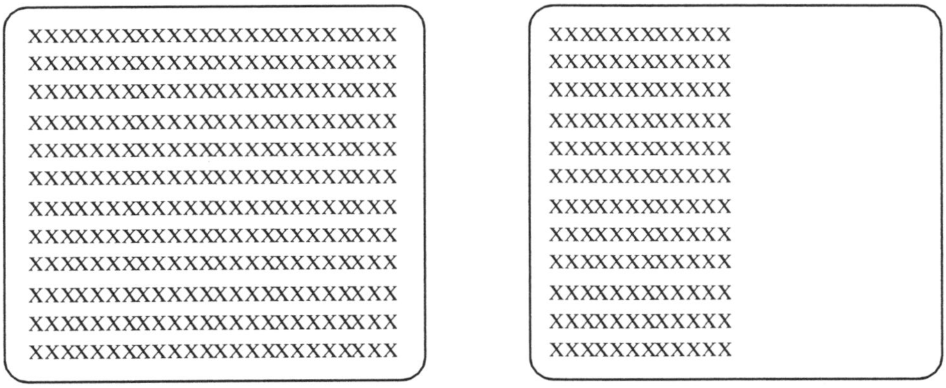

全体密度100％，局所密度81％　　　　　全体密度50％，局所密度72％

図3.9　全体密度と局所密度の計算例

水平方向

図3.10　レイアウトの複雑さの計算例

問題は全く考慮されていない.

データ表示のガイドラインは，以下の通りである.

・いかなる段階でもユーザが必要としているデータは，すべて表示できるようにする.

・直接ユーザが利用できる形式でデータを表示する．表示したデータはユーザに交換させない.

・特別なタイプのデータ表示に関しては，複数の表示の間でフォーマットを統一する.

・短く簡潔な文を用いる.

・否定的な表現よりも肯定的な表現を用いる.

・リストを並べる場合には，アルファベット順のような何らかの論理的な原則を適用する.

・ラベルは，関係するデータ領域の近くに配置する.

・表示には，すべてタイトルかヘッダーを最初に付け，簡潔にその内容を示す.

・いくつかのカテゴリーの中からデータを素早く識別しなければならないアプリケーション，特にデータの項目がディスプレイ上に散らばっている場合には，カラー符号化を検討する.

・ブリンキング（明滅）を用いる場合には，ブリンク間隔を 2 から5Hzにし，少なくとも50％のデューティサイクル（ONの間隔）を確保する.

・データ表示に関する要求事項が変わった場合，ユーザが必要に応じて変更できる手段を適用する.

カラーの利点は，以下の通りである（表3.1と表3.2も参照のこと）.

・目に対する刺激をやわらげたり，与えたりする.

・面白みのない表示にアクセントを付ける.

・複雑な表示の中から素早く見分けることができる.

・警告に対する注意を喚起する.

カラー使用の際のガイドラインは以下の通りである.

・色は控えめに使用し，色の種類や総数を制限する.

・確実にタスクを支援するようにカラー符号化を行う.

・カラー符号化は，ユーザの制御下に置く.

・フォーマット構成に役立つように色を使用する.

・色に対する一般的な反応に注意する.

・グラフィックスの表示では，情報の高密度化のために色を使う.

3.7　ウィンドウ設計

ウィンドウとは，ソフトウェアのアプリケーション，文書ファイルなどを含む長方形の領域であり，オープン，クローズ，大きさの変更，移動などの操作が可能である．複数のウィンドウをデスクトップ上に同時にオープンし，小さくしてアイコンにしたりすることが可能である．ウィンドウは，識別用のタイトルと境界線または枠を有し，ワープロなどのウィンドウではスクロールバーが装備されている．複数のウィンドウが同時に存在する場合には，必要なウィンドウを最前面に持ち出すための操作ができるようにしなければならない．ウィンドウのオーバーラップを制限するマルチ・ウィンドウシステムには，タイル型表示，タイルの積み重ね方式，自動パン（panning）方式，マッキントッシュのHypercardのようなイメージ群の中から表示されたイメージをクリックすることによってウィン

ドウを選択する方式, カスケード方式などがある. 以上の方式のどれが適切であるかに関する見解は現段階では, まだ明確化されていない. ユーザが自分が現在行っているタスクの領域内で行った操作の直接的な結果として, ウィンドウの表示, 内容の変更, クローズが行われるマルチ・ウィンドウ方式を同調ウィンドウ (coordinated window) と呼ぶ. 同調ウィンドウには, 同期スクロール, 階層化ブラウジング, 直接選択, 2次元ブラウジングなどがある. 同調ウィンドウ方式は, マルチ・ウィンドウの操作を自動化したり, ウィンドウを必要な場所のそばに持ってきたり, ウィンドウ管理の手間を少なくしたり, 不要なオーバーラップを避けるなどの種々のメリットを有している. 階層化ブラウジング方式は, Windows95のファイルマネージャに見られ, 1つのウィンドウに文書の目次やファイルの一覧などを表示し, このうちのいずれかを選択すれば, 隣のウィンドウに選択されたファイルの内容が表示される. 同期スクロールとは, あるウィンドウのスクロールバーを別のウィンドウのスクロールバーと結び付けて, 一方を動かすともう一方もスクロールできるものである. これは, プログラムや文書の2つのバージョンを比較したいときに役立つ. 直接選択方式は, アイコンやテキスト内の単語, プログラム内の変数などを選択すると, 隣にウィンドウが表示されてアイコンの詳細情報や単語の定義, 変数の宣言などが表示されるもので, マッキントッシュのバルーンヘルプなどはこれに相当する. 2次元ブラウジングとは, 画面の一部に地図, グラフィック, 写真, イメージなどの展望図を表示し, その一部を選ぶとそこが拡大表示されるものであり, 地図情報などは2次元ブラウジングを利用している. ウィンドウシステムは, 視覚に訴える可能性と設計者が色々と工夫してよりよいインタフェイスを作りだす可能性を秘めている. しかし現状では, 設計されたウィンドウシステムがどのような欠点と利点をもつかも十分に明らかにされておらず, どのような設計基準に基づいて設計すればよいかの見解も十分に得られていない. 今後種々の研究成果や実験成果が得られて, ウィンドウに関する設計基準が明確化されることが望まれる.

　Mori (1995) [35)]によって, マルチ・ウィンドウシステムにおける中心ウィンドウと周辺ウィンドウの視覚的な干渉が生じることが報告されている. ここでは, (1)周辺ウィンドウの数, (2)周辺ウィンドウが中心ウィンドウのスクロールに伴って動く場合 (dynamic) とそうではない場合 (static), (3)ユーザが中心ウィンドウのどの部分 (大きく分けて上段, 中段, 下段) を見ているか, (4)マルチ・ウィンドウがオーバーラップする場合とそうではない場合の4条件を実験条件として, 中心ウィンドウでの情報検索作業のエラーにこれらの実験条件がいかなる影響を及ぼすかを検討した. ここで使用されているウィンドウの形状を図3.11に示す. static ウィンドウに関しては, 周辺ウィンドウの数の増加とともに中心ウィンドウでのパフォーマンスが減少し, さらにウィンドウがオーバーラップしない場合のほうが, オーバーラップする場合よりも中心ウィンドウでのパフォーマンスは高かった. dynamicウィンドウに関しては, 周辺ウィンドウの数が増加しても中心ウィンドウでのパフォーマンスには変化は見られなかった. また, オーバーラップした場合のほうがしない場合よりも中心ウィンドウでのパフォーマンスは高かった. 以上の実験の大まかな結果を図3.12に示す. さらに, 中心ウィンドウでのパフォーマンスは, ユーザが中心ウィンドウで情報検索を行っている位置と周辺ウィンドウが近いほど低下しやすくなる傾向が認められた. 以上の結果から次のような考察が行われた. 視覚情報処理のためのリソース (visual resource) は, 一定で制限されているとする. このリソースは, 中心視と周辺視でトレードオフされる. このことを図3.13に整理しておく. staticな周辺ウィンドウの場合には, 前述の通り周辺ウィンドウの数の増加によって中心視でのパフォーマンスが低下した. アイカメラによる視線

38

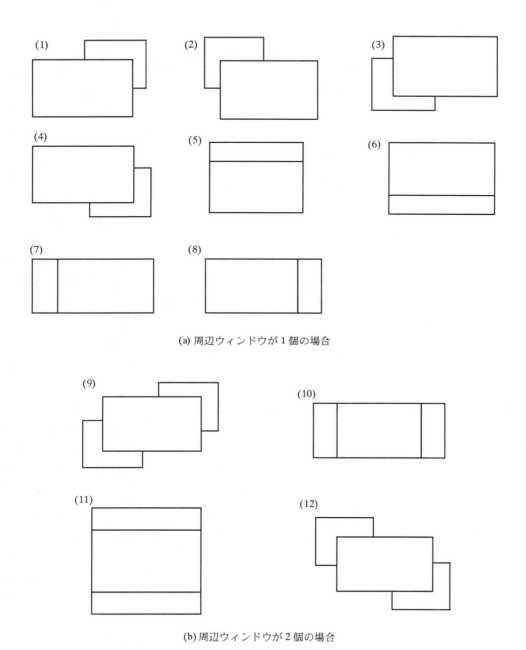

(a) 周辺ウィンドウが 1 個の場合

(b) 周辺ウィンドウが 2 個の場合

図3.11 Moriら(1995)[35]で用いられたウィンドウのタイプ

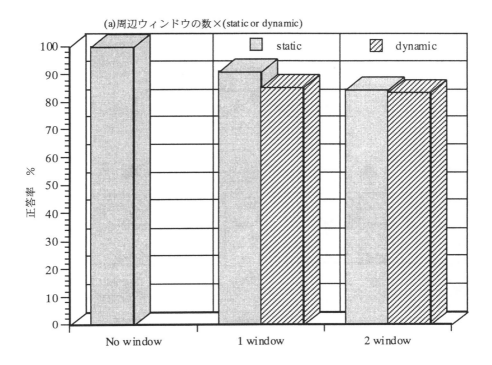

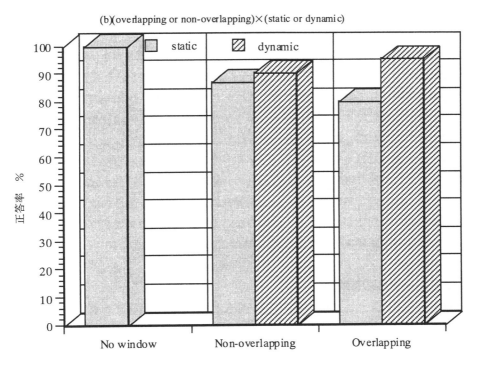

図3.12　Moriら(1995)[35]の実験結果の概要

40

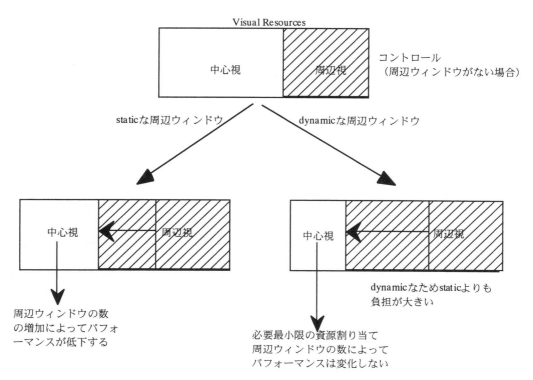

図3.13 周辺ウィンドウがstaticな場合とdynamicな場合の中心視パフォーマンスの違いの考察

　分析の結果，視線は中心ウィンドウのみに向けられていることが確認された．にもかかわらず，中心ウィンドウでのパフォーマンスが低下したということは，制限されている視覚情報処理のためのリソースが中心視を犠牲にして周辺視に割り当てられたと考えられる．dynamicな周辺ウィンドウの場合には，周辺ウィンドウの数によって中心ウィンドウでのパフォーマンスは変化しなかった．周辺視では，動く対象の検出能力が高いことが一般に知られている．dynamicなウィンドウでは，staticなウィンドウよりも負担が大きくなる．したがって，ウィンドウの数にはかかわりなく中心ウィンドウには必要最小限のリソースしか割り当てられていないため，周辺ウィンドウの数とはかかわりなくパフォーマンスが一定であったものと推察される．以上の研究は，周辺ウィンドウの数を3個に限定した場合で，必ずしも実際的な使用に即しているとは限らないが，マルチ・ウィンドウシステムの設計においては，これらの基礎的な結果を十分に踏まえておかねばならない．

3.8　コンピュータの応答時間

　コンピュータの応答時間が長く表示速度が遅い場合には，ユーザは欲求不満やいらだちを覚え，操作ミスが増加し，ユーザの満足度も低くなる．逆に作業速度が速すぎるのも問題で，対話のペースが速いと学習が不十分になり，よく理解せずに判断を行ったりするため，ミスが多くなるおそれがある．コンピュータ・システムの応答時間の定義を図3.14に示す．人間とコンピュータの対話における応答時間と表示速度を決める場合には，技術的な制約やコスト，タスクの複雑さ，ユーザの期待，タスクの実行速度，エラー率，エラーの処理手順など多種多様な条件を考慮する必要がある．ユーザの個

(a) 応答時間の大まかな定義

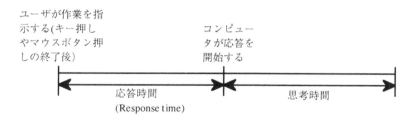

(b) 応答時間のより厳密な定義

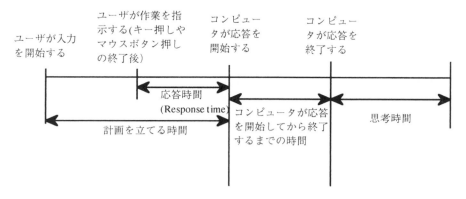

図3.14　応答時間の定義

性，作業時間帯，疲労，経験，意欲などを考慮に入れれば，以上の関係はなおいっそう複雑になる．
迅速で，エラーが少なく，満足度の高い作業は，以下の条件が満たされるときに達成される．

・問題解決にあたって，ユーザがタスクとその対象に関する十分な知識をもっている．

・解決のための計画を待たされることなく実行することができる．

・作業への集中を妨げる要因が取り除かれている．

・作業に関する不安が少ない．

・問題解決のために，進行状況に関する情報のフィードバックがある．

・エラーが回避でき，仮にエラーが発生した場合にも，容易に回復可能である．

また，理想的な対話速度を決定するためには，次の項目も考慮する必要がある．

・初心者は，知識が十分な熟練者よりも遅い速度で作業することを好み，そのほうがよい結果が得られる．

・エラーによる損失が少ない場合には，より速く作業することを好む．

・馴染み深く，あまり考える必要がない場合にも，より速く作業することを好む．

・ユーザが過去に効率よく作業した経験をもっているならば，以後も同様の効率を期待する．

応答時間の予想に影響を与える要因は以下の通りである．

・過去の経験．

・各個人の遅延時間に対する我慢強さ（これは，タスクの種類，タスクに対する熟練度，経験，個人の性格，年齢，気分，文化，環境条件などの様々な要因の影響を受ける）．

・人間のもつ高度な適応性.

　人間は作業に習熟するにつれて速く作業するようになるため，ユーザ自身にコンピュータとの対話のペースを選択させることが大切である．また，コストや技術的な制約がない場合には，ユーザは応答時間を 1 秒以下に設定しようとする．ユーザは遅い応答時間にも適応できるが，一般に 2 秒以上の応答時間に対しては，不満足になる．応答時間設定のためのガイドラインを以下にまとめておく.

・ユーザはより速い応答時間を好む.

・15秒以上の長い応答時間は，集中力を分断する.

・ユーザは，応答時間に応じて対話方式を変化させる.

・応答時間が短くなれば，ユーザの思考時間も短くなる.

・速い作業ペースは生産性をアップさせるが，エラーを増加させる可能性もある.

・最適な応答時間は，エラー回復のための容易さと時間に左右される.

・タスクの種類によって例えば次のように応答時間の設定が異なる.

タイプ入力，カーソル移動，マウスによる選択：50 から150ms

簡単で頻繁に行うタスク：1s以下

通常のタスク：2 から4s

複雑なタスク：8 から12s

・遅延時間が長くなる場合には，ユーザに知らせるべきである.

・適切な範囲であれば，応答時間の変動は許容できる.

・予期し得ない遅延は，集中力を分断する.

・適切な応答時間を設定するためには，実験的に検討する必要がある.

3.9　マニュアル・オンラインヘルプ

　コンピュータや電化製品などのマニュアルは，従来からそのわかりにくさが頻繁に指摘されている．ここでは，マニュアルの問題点について検討し，どうすればわかりやすいものを作成し，ユーザの満足度を高めることができるかについて検討する．コンピュータ・システムのマニュアルは，従来はシステム開発のマイナーな部分としてしかとらえられておらず，システム開発時間のごく一部がマニュアル作成に費やされてきた．しかも，開発の主要なメンバーがマニュアル作成に携わることはまれであった．著者などもわかりにくいマニュアルに苦労させられたことが何度もある．効果的なマニュアルを作成するには，時間と労力を費やさねばならない．また，マニュアルをユーザに届けるまでに，十分なチェックを行い初心者から熟練者までの幅広いユーザにとって使いやすいものでなければならない．Fossら（1982）[36]は，あるテキストエディタ用のマニュアルを利用して，マニュアルの良し悪しがユーザの作業のパフォーマンスに及ぼす影響を検討した結果，丁寧に編集されたマニュアルを用いた被験者のほうがパフォーマンスが高くなることを明らかにした．わかりやすいマニュアルが具備すべき条件は，以下のようにまとめることができる.

・情報を見つけやすいように配置する.

・簡潔で，具体的で，自然に表現して，情報を理解しやすいようにする.

・正確を期し，必要なことはすべて入れて，必要でないことは省いてシステムまたは製品を使いこなしていくのに十分な情報量を入れる.

また，マニュアル作成のためのガイドラインを以下に示す．

・ユーザが実際に行うタスクに基づいて構成を決定する．

・ユーザの学習過程にそって順序を決める．

・構文の説明の前に，その意味を明確に説明する．

・文体を簡潔にする．

・例を多用して説明を試みる．

・概要とまとめをつける．

・目次，索引，用語集をつける．

・草稿全体を十分にレビューしてからユーザに届けるようにする．

・ユーザからのフィードバックを得るための手段を用意する．

・定期的に改訂を行う．

ほとんどのコンピュータ・システムには，オンラインマニュアルやオンラインヘルプなどの機能が備わっている．これらは次のような利点を有する．

・コンピュータを使いながら，いつでもその場で必要な情報を得ることができ，紙に書かれたマニュアルを探す手間を省くことができる．

・情報を紙のマニュアルよりも素早く，安いコストで更新できる．

・オンラインマニュアルに検索機能が装備されていれば，作業に必要な情報を素早く効率的に見つけることができる．

・グラフィック，音，アニメーションなどを用いて，複雑な機能を説明したりできるため，紙のマニュアルよりもわかりやすさを増すことができる．

一方，次のような欠点を有することも忘れてはならない．

・ディスプレイへ表示されたものは，印刷されたものほど読みやすくなく，目への負担も大きい．

・ディスプレイには実質的には紙より少ない情報しか表示できず，ディスプレイのページをめくる速さは印刷されたマニュアルに比べて遅い．

・ディスプレイが他の仕事に使われているときは，仕事の画面とオンラインマニュアルの画面を切り替えなければならず（マルチ・ディスプレイシステムが普及すればこの問題は解消できるだろうが，現時点ではほとんど普及していない），ユーザの短期記憶への負担が大きくなり，非効率的になる場合がある．

オンライン機能のためのガイドラインを以下に示す．

・機能にアクセスしやすく，かつ元に戻りやすくする．

・ヘルプは，できるだけその場の状況に即したものにする．

・どういったヘルプが必要かに関する十分なデータを収集しておく．

・違うタイプのユーザには，違うヘルプ機能を用意する．

・メッセージは，正確かつ完全にする．

・不十分なインタフェイス設計を補うために，ヘルプ機能を用いるようではいけない．インタフェイス設計を十分にした上で，ユーザの仕事を補助するために，ヘルプ機能を使うべきである．

オンラインヘルプの使いやすさに関する実験データを述べる．Relles (1979) [37]は，銀行口座管理システムを対象として，オンラインヘルプを与えられたグループと与えられないグループでの作業効率

を比較する実験を行った．その結果，オンラインヘルプを与えられたグループは，それを使うのに苦労し，仕事に集中できず，オンラインヘルプが逆効果をもたらすことが示された．また，Dunsmore (1980) [38] も初心者にとっては，オンラインヘルプを使うのは難しいことを示した．以上より，オンラインヘルプは必ずしも紙で書かれたマニュアルよりも有効であるとは限らないことを示している．

以上のように，ソフトウェア，ハードウェアの製品としての良し悪しは，マニュアル，オンラインヘルプの出来にかかっており，特にユーザにとって製品を身近なものにしていくためには，重要な役割を果たす．オンラインヘルプやオンラインマニュアルは，便利であることは確かではあるが，これまでに述べてきたように種々の問題点も存在するため，製品設計と同様に十分に慎重なプロセスを経て作成していくべきであろう．オンラインマニュアルやヘルプは，インタフェイスの良し悪しを左右する重要なものであるという認識を高めることが必要である．

3.10　わかりやすい文書とは

3.9では，わかりやすい文書（マニュアル）の作成過程について述べたが，ここではわかりやすい文書はどのようにすれば書き上げることができるかについて簡単に述べることにする．そのための第一条件は，「百聞は一見にしかず」で図面を適材適所で用いることであろう．一般には，具体的なほうが，抽象的なものよりもわかりやすいと考えられているが，必ずしもそうとは限らず，抽象的な記述のほうが具体的な記述よりもわかりやすい場合があることに注意せねばならない．図面には，棒グラフ，折れ線グラフ，円グラフ，レーダーチャート，3Dグラフ，関数グラフ，階層図，抽象グラフ，ヴェン図など種々のものがあり，これらの機能のほとんどを備えたグラフィック・ソフトが普及しており，表計算ソフトやワープロなどにもこれらの機能はついているものが多い．また，具象図には，イラストやアニメなどがあるが，これらを用いる場合にも，どのくらいの比率で使い分けていくかに関するノウハウを蓄積していく必要がある．表現の仕方に関しては，第6章の認知工学のところで詳述しているので，そちらを参照していただきたい．

3.11　マルチメディアとハイパーテキスト

マルチメディア（multimedia）とは，文字のほかに図形，画像，写真，音声，動画などの複数の媒体にのった情報を双方向にデジタル情報として同一に扱うといった意味で用いられているが，言葉が先走りして，その定義や取り扱い範囲が今1つ不明確なところもあり，これらの機能を具備していないものまでもがマルチメディアとして扱われている部分もある．マルチメディアは，ハイパーテキスト（hypertext）としての意味をもつ場合もある．ハイパーテキストとは，文章データのみからなる連想記憶型のデータベースである．連想記憶型とは，人間の長期記憶（第5章参照）における記憶項目間の関連性に応じて構成されたネットワーク構造において，ある1つの項目を起点として関連性の強い項目が連想されていくような意味をもつ．一般には，文書を読むときには，初めから順に文字を追って読んでいくが，ハイパーテキストでは読み手が読む順番を自由に選択できるように，情報の断片をネットワーク上につないでいる．ハイパーテキストは，その性格上，辞書や百科事典，さらにはデータベースを実現する際に便利である．ハイパーテキストは，ネットワークの形が読者にわからないようだと，使いにくいものになってしまう．最も単純でわかりやすい形として，木構造がある．この構造では，いくつかの枝分かれの中から次の行き先をユーザが選択していき，格納されている情報の論

理的な構造を直接的に反映することができる．論理構造と物理構造を一致させることで，従来の文書に比べて，情報を操作しやすくなる．情報が階層的な構造を有している場合には特に，ハイパーテキストは効果的である．さらには，木構造の中で情報をたどる場合には，例えばマッキントッシュのハイパーカード（Hypercard）などのように直前の場所に戻ったり，最初の出発点に戻ることや特定の場所に到達することが可能であることが望ましい．ハイパーカードには，データとしては，テキストのほか音声，図形，画像，アニメーションなどが入っているため，ハイパーメディア（hypermedia）と呼ばれる場合もある．ハイパーカードでは，画面 1 枚分を単位として何枚分かが 1 つにまとめられており，これがスタック（stack）と呼ばれている．スタック中で各画面は所定の順番に並べられており，ユーザはこの中を自由に行き来することができる．ハイパーカードの画面に埋め込まれたボタンを使うことによって，ハイパーカードの機能はさらに強化される．ボタンは画面にいくつでも設定できるようになっており，これを用いればデータ空間を自由に歩き回ることができる．ユーザは，このボタンを新しく設定でき，新しいデータも追加することができるようになっており，ユーザが自由にプログラミング可能なハイパートーク（hypertalk）という簡易なプログラミング言語が用意されている．

　ハイパーテキストが人間の連想記憶を支援する機能を有しているとはいっても，データ空間を人間が自由に動き回ると（ナビゲーションすると），自身のいる場所がわからなくなってしまうという問題点も生じる．すなわち，あちこちを動き回っている間に，本来の目的を忘れて脇道にそれたり，重要な情報を見失ったりすることがあるため，これに対処できるような機能が必要になる．また，ハイパーテキストを印刷すると印刷した紙は物理的には 1 枚ずつばらばらなため，ハイパーテキストの利点である情報間の結び付きが失われてしまう．ハイパーテキストが人間にとって馴染みの深いものになるためには，以上の問題点を解決していく必要がある．

第4章　ソフトウェア設計

　本章ではソフトウェアの設計過程におけるインタフェイスの問題について言及する．まず，ソフトウェアの設計過程はいかなる過程から構成されているかを概観し，ソフトウェア設計における人間工学的原則と認知心理学的原則についてまとめる．さらに，ソフトウェア設計におけるヒューマン・インタフェイスの構造的および機能的視点について述べ，機能的視点からソフトウェア設計を行っていくためには，タスク分析が重要になってくることを明らかにする．最後に，ソフトウェア工学の3つのアプローチ方法について説明を加える．

4.1　ソフトウェアの設計過程

　製品（システム）の企画，設計，製造，販売のサイクルで製品が作られていく．まず，ターゲットとなるユーザが設定される．この段階でターゲットとなるユーザを明確にしておかなければ，企画・開発・設計・販売などの部門の担当者がこれから設計して市場へ出回る製品の共通のイメージを得ることができず，以後の製品設計を円滑に進めることが難しくなる．次の段階がユーザがシステムを用いて遂行する業務（タスク）の分析である．ここでは，ユーザがどういう目的で，どういった作業を，どのような手順で行うかを記述することによって，これから開発するシステムに必要な機能を導き，その実現方法も明確にしていく．さらに，次の段階でユーザが仕事を遂行するために，どの機能をどのような手順で操作するかを明らかにしていく．ここでは，ユーザの操作とそれに対応するシステム側の反応を記述していく．さらに，引き続いてシステムの画面の設計が行われる．場合によっては，この作業はユーザの操作手順を詳細に記述する段階と並行的に実施したほうがよい．なぜならば，機能を設計する場合にそのデザインもあわせて決めたほうが効率的であるためである．プロトタイプの作成と評価では，仮の（暫定的な）システムを作成し，動作や機能の有効性を評価していく．評価する場合には，できるだけターゲットユーザに近い評価者を選定することが望ましい．以上の手順を経て本設計が行われ，設計の評価結果を各段階にフィードバックし，納得のいく製品が得られるまで同様の手順を繰り返していく．

4.2　ソフトウェア設計における人間工学的原則

ソフトウェア設計における人間工学的原則を以下の(1)から(4)に示す．

(1) コーディング（coding）

a. 形のコーディング

同じ性格をもつスイッチやウィンドウの形を統一してわかりやすくする必要がある．例えば，選択項目とスイッチを明確に区別する．スイッチの中でも実行などの最終意思決定を表すものは，目立つ

ようにする．また，ユーザに選択肢を示して意思決定を求める場合と警告や注意を与える場合では，ウィンドウの形状を変えたほうがよい．

b．色のコーディング

カラー表示の場合は，通常は青，注意を呼びかける場合は黄，警告を促す場合には赤にすればよい．モノクロ表示では，網かけの濃度の変化によってユーザの注意を促すことができる．

c．音のコーディング

例えば，タッチスクリーン（パネル）の入力に対するフィードバック音はやや周波数の低い音に，警告音は周波数の高い間欠音に設定する．ユーザの注意を引くことが目的であるから，コーディングのレベルが多すぎると逆効果になってしまうため，通常は3から5段階がよいと思われる．

(2) 入力デバイスの操作量とカーソルの移動量の関係

マッキントッシュでは，C/D比（Control/Display ratio），PC9801などではミッキー／ドット比や分解能，EWSではX-WindowのXChangePointControl関数によって入力デバイスの操作量とカーソルの移動量の関係を設定する．この関係は，入力装置（デバイス）への習熟の程度に応じて適宜異なった値に設定することが望ましい．

(3) タスク・アナリシス（Task Analysis）

タスク・アナリシスによってユーザの作業状況を分析し，ユーザの認知過程の解明に役立てる必要がある．

(4) 情報の点滅表示

一般に，人間の視野の中心においては，形の知覚能力が高く，周辺視野では明るさや動きの知覚能力（すなわち，動くものや点滅するものに対する知覚能力）が高い．ユーザに注目させたい情報を画面の周辺に表示しなければならない場合には，点滅表示がよい．

4.3　ソフトウェア設計における認知科学的原則

ユーザが新しいシステムを操作し，習熟するにつれて，ユーザのメンタル・モデルは設計者のシステムイメージに近づいていくのが一般的である．両者の違いがあまりないほど，ユーザはそれに早くなじむことができる．人間のエラー（詳細については第8章を参照のこと）は，認知情報処理のあらゆる段階で生起する．知覚段階では，見落とし，聞き落としなどのエラーが生じるため，重要な情報を強調して，これを減少させる必要がある．短期記憶（作動記憶）段階のエラーには，入力情報の符号化の際のエラー，加工・出力時のエラーの2つがある．前者は，符号化に必要な知識の欠落（漢字が読めない），余分な解釈（あいまいなアイコンに対する解釈ミス），後者は加工・出力の手順や結果のミスなどをさす．これらのエラーを防止するには，表示文字の鮮明化，操作途中のモードを表示するなどがあげられる．長期記憶段階でのエラーは，短期記憶段階でのエラーが長期記憶にそのまま入力された場合に生じることが多い．ソフトウェア設計における認知科学的原則を以下の(1)から(6)に示す．

(1) 一貫性

操作手順，情報やイメージの形式，レイアウト，用語，ユーザからの入力に対する応答に一貫性をもたせる．例えば，Xという機能の実行にはE→F→Gが必要であるとする．Xに似たYという機能の実行のためにはE→G'→Fを実行せねばならないとする．F'とG'はそれぞれFとGに似た機能を表すとす

る．この場合，一貫性がなく，Yを実行するためにはE→F→G'を実行するようにしなければならない．システム全体で一貫性を考慮に入れて，全体にとって一番よいと思われる手順を設計すべきである．

(2) 逆戻りを許す設計

ユーザが誤りを起こさない設計（フールプルーフ：fool proof）やエラーの発生を前提にしたシステム設計（フェールセーフ：failsafe）が重要であることはいうまでもないが，エラーに対してユーザが速やかに対処できる設計を心がけることも大切である．誤操作をした場合には，undoや取消機能によって1つ前の状態に戻れるようにすることや，エラーの理由を知らせるメッセージ，エラーに対処するためのメッセージを提示するなどが必要である．

(3) 情報入力に対するフィードバック機能．

(4) 上級者にはバイパスによる操作を用意する．

(5) ユーザは，ある課題に対する機能を選択する際にその機能を探す必要がある．このプロセスが複雑になると記憶などに負担がかかる．どういう機能があるかを画面上で一覧でき，それを直接選べるようにする必要がある．

(6) ユーザは，設計者のシステムイメージ通りに操作を実施するとは限らず，システム主導でなく（システムが勝手に操作モードを変更するなど），ユーザ主導で操作させることが大切である．

4.4 ソフトウェア工学からのヒューマン・インタフェイス設計へのアプローチ

4.4.1 ソフトウェア工学

ソフトウェア工学とは，大まかにはIE（Industrial Engineering）の定義をソフトウェアの生産に限定したものとして定義することができる．IE（経営工学）の定義とは，入力（原材料，情報，ヒト，etc.）を効率的に活用して，生産量，品質，コスト，利益，信頼性などの最適化を図ることであり，ここではOR（Operations Research），最適化手法，予測手法などの意思決定システムと生産管理，工程管理，品質管理，在庫管理などの管理システムが最大限に活用される．ソフトウェア工学の目的も，種々の工学原理を応用して，ヒトや情報を効率的に活用して，使いやすく（効率的に使える），信頼性の高く，経済的なソフトウェアを作ることであると定義できる．この場合の，種々の工学的原理とは，IEとオーバーラップする部分もあるが，ソフトウェア独自の原理もいくつかは含まれている．さらに，わかりやすく定義すれば，ソフトウェア工学とは，効率的で，信頼性が高く，楽しく使えるソフトウェア・システムを，経済的かつ効率的に設計，開発するための原理，方法，ツールを研究する分野である．

ソフトウェア工学では，システムとソフトウェアの要求分析，タスクアナリシス，データ構造の設計，プログラム構築，アルゴリズムと手続きの設計，テストと評価，ソフトウェアの保守とサポートなどが行われる．ソフトウェア工学におけるツールとしては，言語，表記法などのための半自動あるいは自動支援ツール，エディタ，ブラウザ，ツールキットなどがある．

4.4.2 ソフトウェア設計におけるヒューマン・インタフェイスの視点

構造的視点，グラフィック，文字のデザインやスクリーンのレイアウトなどの視点，機能的視点の3つのヒューマン・インタフェイスの視点からソフトウェア設計を行っていく必要がある[39]．構造的視点とは，信頼性が高く，効率的で，保守が容易で拡張性が高いようにソフトウェアを設計していく視点

である．この視点には，プログラムの構造化によってアプローチする．構造化によってソフトウェアの効率的な使用，保守の容易さ，信頼性の高い動作，ソフトウェア部品の再利用，既存部品の組み合わせによる新しい部品の構成などが可能になる．以上のことは，オブジェクト指向プログラミング言語によって実現可能である．3つの視点のうちで，機能的視点からのソフトウェア設計が最も難しいとされている．

　機能的視点とは，設計したシステムが意図した目的を達成可能なものであるかという視点である．設計者は，特定機能を無視してどのような目的にも使用可能なシステム設計を試みることがあるが，一般には失敗するケースが多い．また，設計者が意図しなかった目的でシステムが設計されてしまう場合も多く見かけられる．設計の目的を明確に定義すると，多数のユーザのあらゆる目的に対応できるソフトウェアを設計することは非常に難しくなる．この問題を解決する手法として，タスク分析（task analysis）が有効である．タスク分析の手法を用いて，ユーザが必要とするタスクを正しく理解することが有用なソフトウェア設計に結びつく．

　ここでは，なぜタスク分析が有効になるかを考えていくことにする．タスクの実行を容易にするために我々はコンピュータを利用する．タスクを達成するためのタスクの構造と内容をタスク分析によって明らかにすることができれば，このタスクを支援するためのコンピュータ・システム設計にとって非常に参考になる．タスク分析によって，いかなるコンピュータ・システムの設計でも一様な条件のもとに評価できるテスト用の標準タスクを用意することが可能になる．以上のように，タスク分析では現在どのようなプロセスを経てタスクが実行されているのかを理解するのに用いられる．我々がもっている知識の中でも，タスクに関する知識は重要な部分を占めている．我々は，あるタスクに関する知識を獲得すると，その知識を次に実行する他のタスクに転移（transfer）させようとする傾向がある．ソフトウェア設計におけるインタフェイス設計の部分では，我々があるタスクから別のタスクへ転移させることができる知識の量の多さが，システムの使いやすさを左右する．ただし，転移させることができる知識が非常に少ない場合には，転移前のタスクに関する知識が転移先のタスクにおけるエラーの原因になる可能性が高いので注意を要する．あるタスクから別のタスクへ知識が適切に転移されると，転移先のタスクに習熟するのに必要な時間が短縮されるヒューマン・インタフェイス設計では，あるタスクから別のタスクへの学習の転移が容易になるようなソフトウェア設計は非常

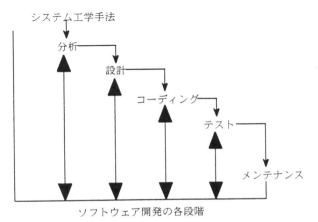

図4.1　ライフサイクル・モデル

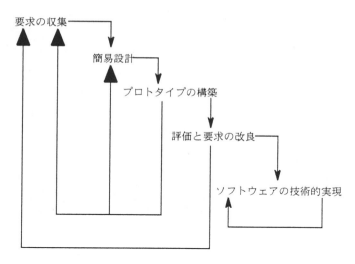

図4.2　プロトタイピング

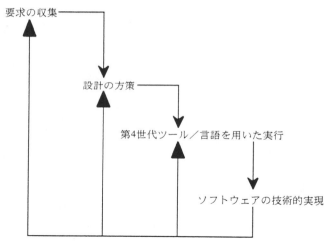

図4.3　第4世代ツールを用いたモデル

に重要になる．このためには，人間がタスク間で，いかに知識を転移するかを十分に理解しておくことが必要になるが，このためにはどのような知識が転移されそうかという点，どのような知識が転移に適しているか，どのような要因や特徴が転移を容易にするかなどを明らかにしなければならない．

4.4.3　ソフトウェア工学における3つのアプローチ

ソフトウェア工学におけるアプローチは，ライフサイクル・モデル，プロトタイピング，第4世代ツールモデルの3つがある[39]．まず，ライフサイクル・モデルから話を進めていく．まず，システム開発のライフサイクルは，分析，設計，コーディング，テスト，保守よりなると考えて，それぞれの段階にソフトウェア工学の手法を適用していく．まず，システム工学の手法を用いて，タスク，適用領域，ユーザ，ハードウェア，ソフトウェアに関して一般的な分析を実施し，ユーザの要求，システム

の要求を設定し，ソフトウェアに対する要求仕様の割り付けを行う．そして，これらの成果が分析段階に伝えられ，タスク，ユーザ，適用領域，ソフトウェアに関してさらに詳細な分析が行われる．ここでは，あわせて設計の評価基準も設定され，具体的な仕様書が作成される．設計段階では，データ構造，ソフトウェア・アーキテクチャー，詳細手続き，ユーザ・インタフェイスが設計され，分析段階での仕様書がソフトウェアのモデルに翻訳される．コーディングの段階では，ソフトウェアのモデルに翻訳された仕様書が，計算機によって実行可能な形に翻訳され，設計仕様が最終的に実行可能な形となる．テスト段階では，ソフトウェアの論理テスト，機能テスト，ユーザビリティ（usability）・テスト，設計とその実現結果の効率テストを行い，設計の評価が示される．そして，評価の結果，必要となる再設計の具体案が示される．最終の保守段階では，設計とコーディングにおける誤りの訂正，要求仕様の変更に伴う設計の変更，使用環境の変化に伴う設計の変更などが実施される．以上のライフサイクル・モデルには次のような問題点が存在する．現実のプロジェクトでは，時間やコストの関係からこのモデルが仮定している順序通りのプロセスをたどらない場合が多い．特に，ユーザ・インタフェイスの側面に関しては，プロジェクトの開始段階ですべての要求を明確化することは難しい．実行可能なモデルが，開発サイクルの最終段階でしかできあがらないため，設計初期の段階でのエラーをシステムが構築されるまで発見できない場合もある．一方，このモデルは，設計開発の多くの重要な局面での標準手続きが提供されるという利点も有する．このモデルの概要を図4.1に示す．

　要求が一般的かつ適切に定義されていない場合には，プロトタイピング（prototyping）が用いられる．プロトタイプには，実行可能なものとそうでないものがある．実行不可能なプロトタイプは，設計開発の途中段階として用いられる．プロトタイピングは，要求の収集，簡易設計，プロトタイプの構築，評価と要求の改良，製品の技術的実現の各段階からなる．まず，既に提出されている要求を確認しながら，新たな要求がないかどうかを検討する．簡易設計では，ユーザ・インタフェイスが設計される．特に，HCI（human-computer interaction）の中でもユーザに見える側の設計を行う．プロトタイプの構築では簡易設計をさらに詳細に仕上げていく．評価段階では，設計者とユーザが一緒になってプロトタイプの評価を行い，評価結果を各段階にフィードバックしていく．満足な評価が得られるまでフィードバックが繰り返される．製品（ソフトウェア）の技術的実現では，最終プロトタイプを具体的な製品へと作り上げていく．ここでも，要求仕様に適合したシステムになっているかどうかを繰り返して評価していく．プロトタイピングは，本質的には試行錯誤的なアプローチであるという欠点もあるが，最終システムが完成する前にユーザが評価をすることが可能で，抜けていた要求仕様を事前にチェックすることができる．このモデルの概要を図4.2に示す．

　第 4 世代のアプローチは，要求の収集，設計の方策，第 4 世代ツール／言語を用いた実行，製品化の段階からなる．第 4 世代ツール／言語を用いるとソフトウェアの仕様を抽象度の高いレベルで記述し，ここから自動的にソースコードを作成することが可能になる．要求収集段階では，これまでのモデルと同様に，ユーザからの要求が収集される．ユーザからの要求は，仕様記述ツールで解釈可能な形に記述することが望ましい．設計方策をたてる段階では，開発されたシステムを実現する場合に，品質保証，評価，保守，デザインの合理性などにどのようにアプローチするかの意思決定が行われる．実行段階では，第 4 世代言語でデザイン仕様を記述し，これを実行可能なコードに翻訳する．これまでの段階で行われた結果は，初期段階へフィードバックされ，納得のいくデザインができるまで繰り返される．製品化の段階で，開発されたシステムのテストと評価が行われ，保守も実施される．

このモデルの欠点としては，第4世代ツール／言語の汎用性がないという点と各段階で得られた結果をツールによって検証するまでには至っていないということである．このモデルの概略を図4.3に示す．

　以上3つのアプローチについて述べてきたが，それぞれが長所と短所をもっており，これらを組み合わせた独自のアプローチを開発することにより，それぞれの短所を補って，長所をいかすことができるようになると考えられる．

第5章　認知科学の基礎

　本章ではヒューマン・インタフェイス設計で重要になる認知科学の基礎的事項を説明する．まず，視覚の計算理論，特徴統合理論，文脈効果，プライミング効果，パターン認識などの知覚特性について述べる．次に，感覚記憶，短期記憶，長期記憶などの記憶特性を説明し，ヒューマン・インタフェイス設計で記憶特性をいかに配慮していくかを明らかにする．さらに，命題ネットワーク，活性化の拡散，干渉効果，スキーマ，スクリプトなどの人間の知識構造に関する基礎的事項について言及し，最後に学習過程を説明する．

5.1　知覚特性

5.1.1　視覚系の構造

　ここでは視覚系の構造について述べる．図5.1に示すように瞳孔を通過した光は，水晶体，ガラス体を通過して網膜にあたる．網膜の一番奥には光を電気信号に変換する視細胞がある．視細胞には杆体と錐体の2種類が存在し，特に錐体にはそれぞれ青，緑，赤に応答する3種類がある．一方，杆体は色に関する情報をもたないが，光に対する感度が高く，明るさの情報を伝達できる．また，我々の視覚系は図5.2に示すような視覚伝導路を経て入力刺激が大脳新皮質に伝えられる．ここで，右視野の情報は左脳に左視野の情報は右脳に伝えられる．左右の情報が交叉するところは，視交叉と呼ばれる．網膜の左半分に投影された情報は左の脳に，右半分に投影された情報は右の脳に伝えられる．

　物に反射した光が網膜に入り，視神経，視神経交叉を経て，外側膝状体に伝えられ，そこからさらに大脳新皮質の後頭葉の視覚野と呼ばれる領域に達する．ここから，大脳新皮質の様々な部位にさらに情報が伝達される．サルを対象とした実験で神経細胞に関する種々のふるまいが明らかにされている．例えば，視覚野（後頭葉）には，エッジ，線分，運動方向などに応答する神経細胞が存在することが発見された．この結果は，視覚神経系の細胞が視野内にある色々なパターンの中に存在しているものの部分的な特徴を，それぞれの信号として神経細胞に伝達している特徴分析の機能を表すと考えられている．この特徴分析の機能は視覚を成立させるためには必要不可欠である．

5.1.2　視覚の計算理論

　Juleszによって提案されたランダムドット・ステレオグラムの作成方法を図5.3に示す．ランダムドット・ステレオグラムは，多くのドットから構成された2つのマトリックス状の図形からなり，それぞれを右眼と左眼で見て脳の中で両方の像を融合させる．2つのドットマトリックスは，中央の太枠の部分（AもしくはBで示したもの）が右と左で1ドット列ずれているという点を除いては全く同じである．すなわち，右のAとBからなるドットマトリックスは，左の同様のドットマトリックスを左方

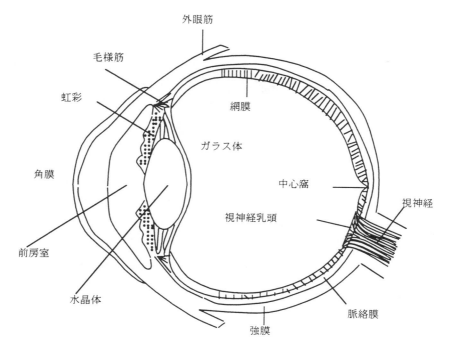

図5.1 視覚系の構造

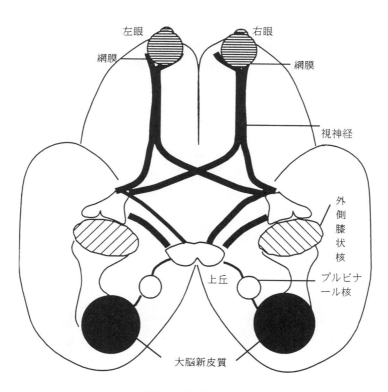

図5.2 視覚伝導路

1	1	0	0	0	1	0	1	0	1
0	0	1	1	0	1	1	0	1	0
1	0	1	0	1	0	1	0	1	0
0	1	0	Y	A	A	B	B	0	1
0	1	0	X	B	A	B	A	0	0
1	0	1	Y	A	A	B	A	1	0
0	1	0	X	B	B	A	B	0	1
1	1	0	1	0	1	1	0	1	0
0	0	1	0	1	1	0	1	0	1
1	1	0	1	0	0	1	1	0	0

1	1	0	0	0	1	0	1	0	1
0	0	1	1	0	1	1	0	1	0
1	0	1	0	1	0	1	0	1	0
0	1	0	A	A	B	B	Y	0	1
0	1	0	B	A	B	A	X	0	0
1	0	1	A	A	B	A	Y	1	0
0	1	0	B	B	A	B	X	0	1
1	1	0	1	0	1	1	0	1	0
0	0	1	0	1	1	0	1	0	1
1	1	0	1	0	0	1	1	0	0

（0：白点，1：黒点），（A：白点，B：黒点），（X：白点，Y：黒点）というふうに対応させて，左図の真ん中の太枠の部分を左もしくは右に1ドットずつ移動させる．真ん中の太枠の部分が浮き上がって見える．ここでは，簡単にするため10×10ドットを用いたが，実際のランダムドット・ステレオグラムでは解像度はさらに細かくなる．

図5.3　ランダムドット・ステレオグラムの作成方法

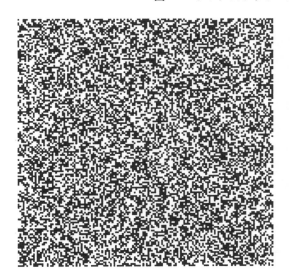
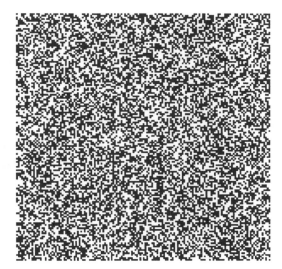

図5.4　ランダムドット・ステレオグラム

向に1ドット列ずらし，空いた部分を適当なドットで埋めたものである．例えば，1，B，Yは黒で塗り，0，A，Xは白で残すことによって，ランダムドット・ステレオグラムが得られる．1，B，Yを白で残し，0，A，Xを黒で塗ってもよい．また，0と1，AとB，XとYで対応関係を取っておけば，これらに黒と白のいずれを与えるかは任意でよい．以上のようにして作成した横にずれた部分が奥行き知覚をもたらす．両眼視差は，両眼網膜上の非対応領域の刺激によって生じる．凝視しているもとの刺激から離れた距離にある第2の刺激は，両眼網膜上の異なった非対応領域に落ち，これが両眼視差をもたらす．この原理を応用して作成したランダムドット・ステレオグラムの例を図5.4に示す．ここでは，ランダムドット・ステレオグラムを用いて両眼立体視のしくみについて考えていくことにする．

ランダムドット・ステレオグラムによって両眼立体視の研究を科学的に進めていくことが可能になった．ランダムドット・ステレオグラムは，単眼では隠されている形が全くわからないのに，両眼の情報を融合することによって，奥行きが知覚できることを示す極めて有効な例である．図5.5は，観察者の左右両眼それぞれに4個の正方形が結像している様子を示したものである．左眼と右眼のそれぞれ4本の線分像から4本の半直線が4個の正方形に対して伸び，観察者の手前で交叉して16個の格子点が作られている．この16個の格子点のどこが4つの正方形に対応しているかを決定する場合には，$_{16}C_4 =$ 576通りの組み合わせが存在する．我々の視覚は，対応問題（右の網膜像のどの点が左の網膜像のどの点に対応しているかを決定する問題）を何らかの形で解いて，この決定を瞬時に行っている．図5.5に示したような4個の正方形の場合でも576通りの組み合わせが存在するが，図5.4の場合にはこれよりはるかに多い組み合わせがあるため，この中から解を一意に決定するのは容易なことではなく，コンピュータにこれを実行させるにしても大変複雑なアルゴリズムが必要になり，時間もかかる．また，この対応問題が解けなければ，両眼のずれ，すなわち両眼視差を正確に求めることは不可能である．

　576通りの中からいかにして一意な解を見いだしていくかについて検討していくことにする．Marrら（1976）[40]は，この問題を解決するための方略を視覚の計算理論として提案した．彼らは，576通りの中から一意な解を見いだすために，外界でおおむね成立している仮定（制約条件）を設けて，解の範囲をしぼっていくという方策を提案した．次の3つの制約条件を満たしながら解の範囲をしぼっていき，最終的に一意な解を得た．

　適合性の制約条件：黒点は黒点と，白点は白点と対応する．

　一意性の制約条件：左眼の1つの点は右眼の1つの点に対応する．

　連続性の制約条件：点の視差は滑らかに変化する．

　この制約条件を順次適用していく．適合性の制約条件によって，図5.5は図5.6のように8個の解にしぼられる．すなわち，黒点と白点が対応している格子点を除くと図5.6が得られる．次に一意性の制約条件を図5.6に適用する．例えば，図5.7に示すように格子点Aが選択されると，一意性の制約条件（左眼の1つの点は右眼の1つの点に対応する）から，格子点Bや格子点Cは選択できなくなる．また，格子点Bを選択すると格子点AやDは候補から外れることになる．このようにして一意性の制約条件を適用した結果，図5.8に示すような4種類の解にしぼられる．これに連続性の条件を適用してみる．格子点を水平方向に結ぶと，これは全く視差がないことを示す．一方，水平線が網膜側または正方形側に寄るということは視差が生じることを意味する．視差の変化が最も小さいのは図5.8の解1であることから，対応問題の一意的な解は解1である．

　Marrら（1976）[40]のアプローチは，3つの制約条件を設けることによって対応問題を解こうとしたものであるが，これらの制約条件に対する反例も示されている．例えば，Panumの限界状況として知られる多重照合（multiple match）は，一意性の制約条件を満たさないことが指摘されている．また，適合性の制約条件や連続性の制約条件に関しても人間の視覚機能がこの条件を満足した視覚情報処理を行っていることを示す根拠は示されていない．このような問題点はあるものの，Marrら（1976）[40]の提案した視覚の計算理論は，多くの研究者によって視覚計算理論の1つの方法論として受け入れられている．

　次に，我々は立体をいかに認識しているかを考えてみたい．Marr（1982）[41]によって1つのユニークな考え方が提案された．彼は，3次元的（立体的）な構造の把握のために，2次元と3次元の中間的な表現（彼はこれを2・1/2次元スケッチと呼んだ）を仮定した．2・1/2次元スケッチとは，2次元の表現

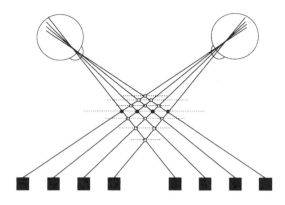

図5.5 対応問題

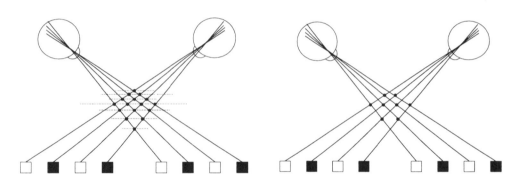

図5.6 対応問題への適合性の制約条件の適用

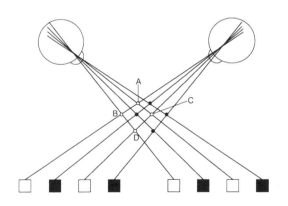

図5.7 対応問題への一意性の制約条件の適用

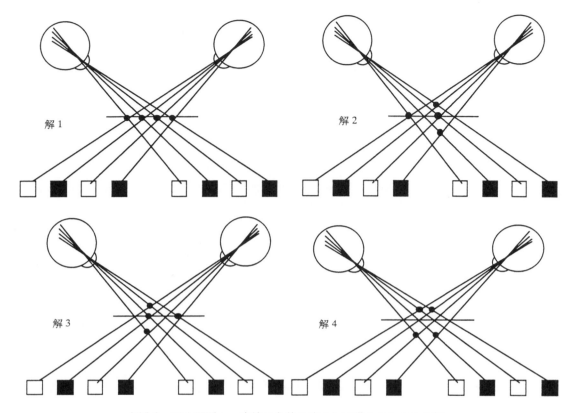

図5.8 対応問題へ一意性の条件を適用して得られた4つの解

に両眼視差，陰影，遮蔽輪郭，テクスチャーなどの奥行きすなわち3次元的構造の知覚のための手掛かりを付加したもので，面の奥行きに面の方向が加えられている．2・1/2次元スケッチは，見ている人を中心とした座標系で表現されるが，この次の情報処理段階では，見られているものを中心とした座標系で表現されると考えたところにMarr（1982）[41]の特徴がある．2・1/2次元スケッチの例を図5.9に示す．左側の表面方向の分布が2・1/2次元スケッチであり，これより表面の向きが不連続に変わる部分を見つけて，右側に示したような輪郭を抽出していけば立体の認識が可能になる．

　以上がMarr（1982）の3次元表現の脳内モデルの概要であるが，現在ではこれに対しては否定的な見解が多い．Marrのモデルでは，物体中心の座標系を用いており，これは視点に左右されない不変な表現であるが，はたして我々の脳内では3次元構造をこのような座標系に基づいて表現しているのだろうか．もし，このような座標系に基づく情報処理が行われているとすれば，物体をどの方向から見ても，ただちに物体を認識することができるから，心的回転（メンタル・ロテーション）[42]の実験データは説明がつかないことになる．すなわち，実際の心的回転の実験データからは，テンプレートからのずれが大きくなるほど，その物体の認識に要する時間は長くなることが明らかにされており，この結果をMarrのモデルからは説明できない．

5.1.3　特徴統合理論

　形を構成する基本要素は，種々の傾きをもった境界，線分，角，弧などである．視覚探索（visual

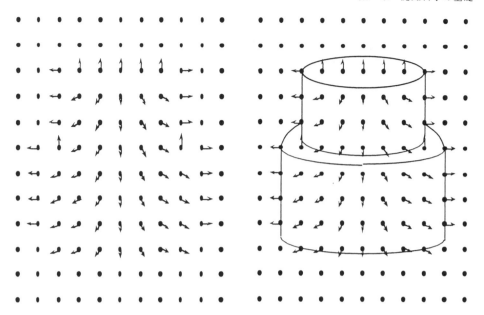

図5.9　2・1/2次元スケッチの例

search）において素早く検出される目標，例えば方向や色といった特徴に関して異なるものをポップ・アウト（pop out）と呼ぶ．ポップ・アウトの例を図5.10(a)と(b)に示す．ポップ・アウトが存在する場合には，視覚探索に要する時間は，刺激の数によらないことが明らかにされている．視覚探索に要する時間は，400から600ms程度である．視覚探索で反応に要する運動系の処理時間200から300msを除けば，約200から300msで，アイコニック・メモリー（感覚情報貯蔵庫：SIS）への情報の残存時間に相当する．感覚情報貯蔵庫は知覚過程における，前注意の過程であり，短期記憶へ情報が転送される前の段階である．基本的な構成要素は，知覚の初期段階で抽出される特徴であると判断できる．図5.11は，テクスチャー（texture）分離の例である．複数の異なるテクスチャーを張り合わせると，テクスチャー間に境界が生じる．テクスチャー分離とは，そのような境界の検出をさす．テクスチャー分離においても，基本的な構成要素（基本的特徴）の差異による境界は見つけやすい．

　以上のような特徴をいかに統合化するかを説明するための特徴統合理論について述べる．図5.10(a)，(b)のようなポップ・アウトに対する視覚探索を特徴探索（feature search）と呼ぶ．図5.10(c)のように，白の左上がりの棒と黒の右上がりの棒を探索する場合，すなわち方向と色という2つの特徴の組み合わせによって探索目標が定義されている場合を結合探索（conjunction search）という．ただし，図5.10(d)の場合も2つの特徴が混在しているが，ここでは探索目標を定義するのに1つの目標で十分であるから，結合探索とはいわない．Treismanら（1980）[43]の特徴統合理論（feature integration theory）は，2つの段階からなる．第1段階は，刺激入力を分析して，基本的属性を抽出する前注意の過程で，第2段階は，抽出された基本属性を統合して，認知対象を再構成する集中的注意の過程である．この理論の概要を図5.12に示す．特徴統合理論を用いれば，結合錯視（illustory conjunction）[44]の現象をうまく説明できる．結合錯視とは，図5.13に示すように，上段では，枠内の図形を瞬間露出提示して，それを報告させた場合，実際には存在しない（提示された属性の組み合わせをもった）図形が認知される現象をさす．下段の場合には，2つの数字にはさまれた図形を瞬間露出提示して，数字の報告と同時に数字

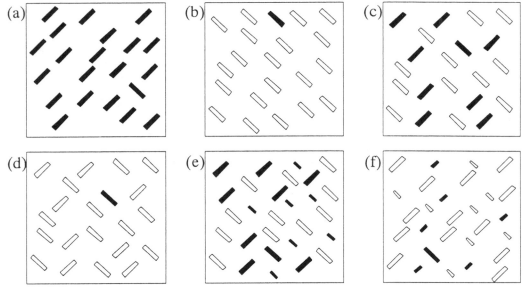

図5.10 視覚探索におけるポップ・アウト，結合探索など

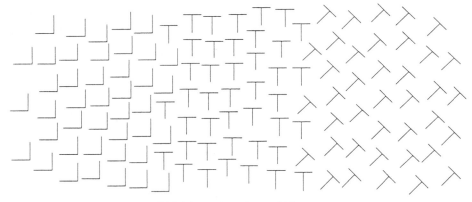

図5.11 テクスチャー分離

にはさまれた図形を報告させた場合に，実際には存在しない図形が報告される．さらには，テクスチャー分離の可否に関しても特徴統合理論で説明がつく．例えば，TとLは線分の組み合わせでTと傾いたTは線分の傾きだけで特徴が定義されている．すなわち，Tと傾いたT（図5.11参照）は，特徴探索に基づいているため，特徴統合理論を用いれば，境界の検出時間が短くなると容易に予測できる．しかし，特徴統合理論にも次のような欠点があることが指摘されている．

1. 例えば，図5.10(e)，(f)の視覚探索は3つの特徴（棒の長さ，方向，色）結合の例である．その視覚探索時間は図5.10(c)のような2つの結合探索の時間よりも短くなるが，これは特徴統合理論では説明できない．

2. また，図5.14に示すように一様でない妨害刺激中の結合探索においては，逐次探索が必要だが，一様な妨害刺激中の結合探索においては，並列探索が可能である．ただし，ここでの探索目標は逆さまのTである．この現象を特徴統合理論では説明できない．

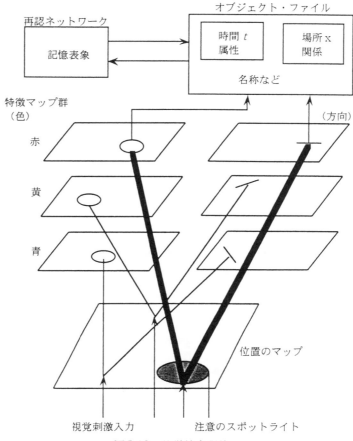

再認ネットワーク

記憶表象

オブジェクト・ファイル

時間 t
属性

場所 x
関係

名称など

特徴マップ群
（色）

（方向）

赤

黄

青

位置のマップ

視覚刺激入力　　　　注意のスポットライト

図5.12　特徴統合理論

　特徴統合モデルの２つの段階が互いに干渉し合うと仮定しているのが，誘導探索モデル[45]である．このモデルの概要を図5.15に示す．このモデルでは，並列処理で得られた活性化マップを用いているため，視覚的注意の働きはランダムではないと考える．したがって，視覚的注意は最も目標らしい位置から順に移動可能であると考える．そして，活性化マップの信頼性が複数の特徴を重ねることで高まると考えれば，特徴統合理論のところで述べた欠点１をうまく説明できる．

5.1.4　文脈効果，プライミング効果

　文脈（context）とは，入力刺激以外の要因であるが，入力刺激の認知に影響するものの総称であり，対象が文脈に適合する場合には，その認知が促進されるが，そうでない場合には，認知が促進されず，その結果としてエラーや認知の遅れなどが発生する．文脈効果は，当該刺激にあいまい性がある場合に認められやすい．文脈効果には，時間的文脈効果と空間的文脈効果の２種類が存在する．対象の認知は，その対象からの刺激だけではなく，同時に存在する他の刺激（これを空間的文脈（spatial context）と呼ぶ）にも依存する．空間的文脈の例を図5.16に示す．この図の上段と下段の真ん中の文字は，何を表しているだろうか．上段では，アルファベットの「B」，下段では，数字の「13」と知覚できる．真ん中の文字は，同一の刺激であるが，空間的文脈に応じてすなわちその周囲に存在する対象

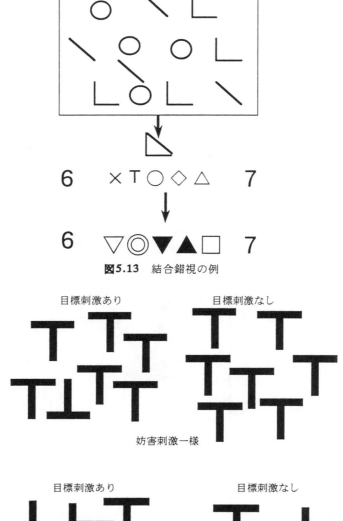

図5.13 結合錯視の例

目標刺激あり　　　　　　　目標刺激なし

妨害刺激一様

目標刺激あり　　　　　　　目標刺激なし

妨害刺激非一様

図5.14 一様刺激と非一様刺激における結合錯視

に応じて知覚のされかたが異なる．文脈効果のおかげで，我々は少々あいまいな文字でも容易に認知することができる．また，この文脈効果のために，誤字を犯したりするケースも多々ある．

　次に，時間的文脈効果についてみていくことにする．過去に成立した認知に類似するように，現在の刺激に対する認知が形成されること，さらには一度ある対象に対する認知が成立すると，以後は同じ刺激に対してその認知が生じやすくなることを時間的文脈と呼ぶ．図5.17は時間的文脈の例[46]を示し

視覚情報入力

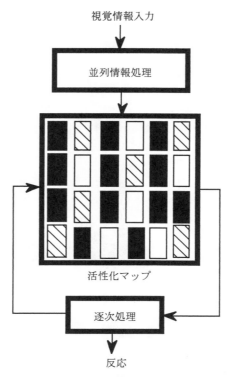

図5.15　誘導探索モデル

たものである．左側は，若い女性，右側は老婆として認知されるが，中央の図は若い女性にも老婆にも見え，それぞれがほぼ等頻度で認知される双安定知覚（bistable perception）を表している．先に若い女性の絵（左側）を見て次に真ん中を見た場合には，これは若い女性の絵として認知される場合が多い．先に老婆（右側）の絵を見て次に真ん中の絵を見た場合には，これは老婆の絵として知覚される場合が多い．図5.18[47]は何を表しているだろうか．我々は，ふだん白の背景に書かれた黒の文字を読むことが多い．しかし，いったん黒の背景に白で"THE"という文字が書かれていることに気づくと，この見方が定着してしまい，気づく前のような見方はできなくなる．

　同じ刺激であっても，状況が異なれば感覚器官へ到達する刺激は異なる．しかし，そのたびに違う認知のされかたが生起すれば，我々は適切な行動をとることができない．このようなことが起こらないように，我々は対象の属性をほぼ一定なものとして知覚できる能力が備わっている．図5.19に示すように，いかなる場合にも，網膜像と等価な網膜像を与える対象は無限に存在するし，非常に多くの解釈可能性が存在する．しかし，我々はこの中からいとも簡単に一定の解釈を選択することができる．以上のことを，知覚の恒常性（perceptual constancy）と呼ぶ．

　ある語や図形（これらのことをターゲット（target）と呼ぶ）の認知の速さや正確さが，時間的に先行して提示された語や図形（これらをプライム（prime））によって妨害されたり，促進されたりする現象をプライミング効果（priming effect）と呼ぶ．例えば，読書時には，次々と視線を動かしながら読み進んでいく（このときの，眼球運動はサッケード（saccade）と呼ばれる）．このとき，先行する語や文が文脈を形成し，後続の語や文の理解を促進することは，周知の事実であり，誰しもが経験したことがあるだろう．これとは逆に，先行する語や文によって文脈が形成され，先入観をもったため，

ABC
12 13 14

図5.16 文字認知における空間的文脈効果

図5.17 Rock(1975)[46]による時間的文脈効果

図5.18 Miller(1967)[47]の図

後続の語や文の理解において誤りが発生する場合があることも忘れてはならない.

5.1.5 パターン認識

パターン認識（pattern recognition）とは，感覚情報貯蔵庫（sensory information storage：SIS）から短期記憶への情報の転送過程で生じる．すなわち，SISに入力された情報に意味をもたせることがパターン認識の過程と考えられる．もう少し軟らかく表現すれば，パターン認識とは，何らかの外部入力情報が与えられた場合，それが表す意味は何かを知ることと定義できるであろう．パターン認識の過程を説明するために，種々のモデルが提案されている．ここでは，特徴分析（feature analysis），統合による分析（analysis by synthesis）の2つのモデルについて述べる．

特徴分析モデルは，ボトムアップ型の情報処理に該当する．何かの刺激が与えられると，まずそれがどのような特徴から構成されているかを分析し，その後に記憶されている種々のリストと照合し，最もよく一致する特徴をもつ記憶表象が認知内容を形成するようにする．特徴分析型のモデルとしては，パンデモニアム（pandemonium），神経回路網によるパターン認識のモデル，コネクショニスト・モデル（connectionist model）によるパターン認識のモデルなどがある．特徴分析モデルでは，対象を同定するには，形態的特徴だけでは不十分で，特徴の空間的位置関係に関する情報が必要になる．図5.20にパンデモニアムの1例を示す．パンデモニアムは，デーモン（daemon）と呼ばれる検出器の多層構造をもち，下層（左側）のデーモンの出力は上層（右側）のデーモンへの入力になる．イメージ

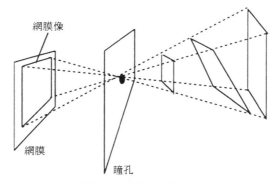

網膜像

網膜

瞳孔

図5.19　網膜像と等価な網膜像を与える対象

デーモンは，入力パターンを受容し，これを内的表現に変換する働きがある．特徴デーモンでは，イメージデーモンからの入力を受けつけて特徴分析を行う．特徴デーモンは，入力刺激の中に特定の特徴が見いだされた場合に活性化する．認知デーモンは，特定の文字を構成する特徴デーモンからの入力があると活性化し，入力される特徴デーモンの数が多いほど活性化のレベルが高くなる．決定デーモンでは，最も活性度の高い認知デーモンを認知内容として選択する．

　統合による分析モデル（図5.21参照）は，特徴分析モデルと異なり，トップダウン型の情報処理モデルである．このモデルでは，入力刺激の予備的分析，文脈情報，知識などに基づいて，認知対象についての仮説を打ち立てる．そして，仮説から予想されるような特徴が刺激に含まれているかどうかを分析する．もし，含まれている場合には，仮説が検証されたことになり，仮説に基づく認知内容が確定する．特徴が含まれていない場合には，または仮説から予想されないような特徴が認められた場合には，新たに仮説が立てられ，再び仮説の検証が行われ，検証が終了するまで同じ手順が繰り返される．このモデルでは，パターン入力についての内的仮説から，期待される刺激の特徴を探索するわけであり，それに選択的に注意を向けることになる．

5.2　記憶特性

　人間の記憶に大きな負担をかけないようなヒューマン・インタフェイスを設計していくためには，人間の記憶特性の理解は必要不可欠である．例えば，プログラミング，手紙を書く，報告書を作成する，データの統計処理を行うなどの作業では，認知的な負荷すなわち作業をするために複雑な認知情報処理が必要になる．これに加えて，インタフェイスが悪い場合（例えば，プログラミング用の統合開発環境が全く不十分な場合やコマンド言語によるコンピュータとの対話が不十分な場合）には，本来の仕事を十分にこなせなくなる．すなわち，人間側に余分な作業負荷を与えることなく，人間の能力の拡張・補完を実現するようなヒューマン・インタフェイス設計が必要になる．例えば，ソフトウェア・システムの設計者は，ユーザが提示された情報を細部まで覚えていることを期待してはいけない．このことは，例えば書体メニューの各項目をその書体自体で書けば，この点は配慮される．

5.2.1　感覚記憶

　感覚器を通じて入力される種々の情報は，感覚情報貯蔵庫（sensory information storage:SIS）へ送られる．視覚に関連した視覚情報貯蔵庫（visual information storage:VIS）について話を進める．図5.22に示

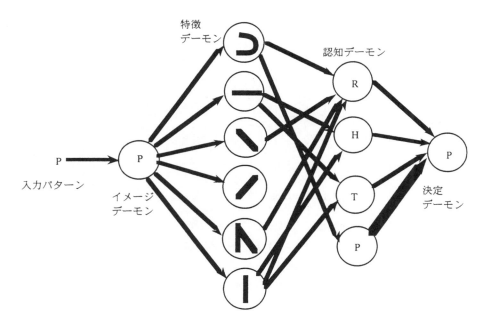

図5.20 パンデモニアムの例

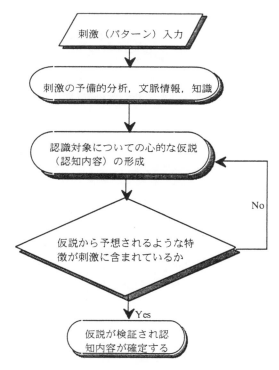

このモデルでは，パターン入力についての内的仮説から期
待される刺激の特徴を探索する．すなわち，それに選択的
に注意を向ける．

図5.21 統合による分析モデル

すような実験刺激をタキストスコープ（瞬間露出提示装置）を用いて10から200msだけ被験者に瞬間的に提示して，被験者にできるだけ多くの情報を報告させた結果，図5.23に示すように，提示された文字数が4から5以上では被験者が報告できる文字数は4から5でほぼ一定になるというデータが得られた．以上のことから知覚の範囲は，4から5文字であると考えられるようになった．しかし，こういった実験での被験者の内省報告によると，提示されたほとんどすべての文字を被験者は見たのだが，報告しているうちに忘れてしまったというものが多かった．また，瞬間露出提示された視覚刺激のイメージが短時間で薄れてしまったといった内省報告も行われた．そこで，被験者から報告されたものは見たものの正直な指標ではないと考えられるようになった．すなわち，ここでいう知覚の範囲4から5文字は，見たものを保持する場合の容量の限界を表すのではないかということである．Sperling(1960)[48]は，以上の点に着目して次のような実験を実施して，視覚情報貯蔵庫についてさらに詳細な研究を進めていった．図5.24にSperlingの第1実験の概要を示す．3行からなる視覚刺激を50ms瞬間露出提示する．視覚刺激が消えると同時に，3行の中のどの行の文字を報告するかを示す音が提示される．音の高さに応じて1行分の文字だけを報告するわけである．この場合，被験者は前もってどの行を報告するかを知らされていたわけではないから，記憶数×行数が被験者の見た文字数であるとSperlingは判断した．このような報告法を部分報告法と呼ぶ．その結果は図5.25に示すように，視覚刺激の文字数が増えるほど被験者が報告できる数も増加し，全体報告法とは違う結果が得られた．Sperlingはさらに，第2実験（図5.24参照）として，瞬間露出提示された視覚刺激のイメージがいかに減衰していくかを示した．第1実験を変更して，どの行を報告するかの指示が出るまでの遅延時間（−100から1000ms）を設けた．その結果，図5.26に示すように遅延時間の増加とともに報告される文字数が減少し，視覚刺激のイメージが薄れていくことが検証され，感覚情報記憶（貯蔵庫）の存在が示唆される．

　感覚情報貯蔵庫に蓄えられている情報のタイプについて述べることにする．Sperlingは第3実験として，図5.27に示すような手順で実験を行った．ここでは，英字だけではなく数字も含めた視覚刺激を用いた．全体報告法と図5.27に示す2種類の部分報告法を用いた．第1番目の部分報告法は，視覚刺激提示直後の音の高低に応じて上段または下段の文字を報告するものである．第2番目の部分報告法は，音の高低に応じて上段または下段の数字のみを報告するものである．第1番目の部分報告法は，全体報告法よりも優れており，第2番目の部分報告法は全体報告法と同等の成績で，部分報告法の利点が得られないことが明らかになった．もし，ある記号が数字または英字の情報すなわち提示された視覚刺激の意味に関する情報が視覚情報貯蔵に入力されているならば，第2の部分報告法でも全体報告法よりも成績が良くなるはずである．しかし，このような結果は得られなかった．以上より，感覚記憶の段階での刺激は単なる視覚的なパターンにすぎず，意味的処理は行われていないと推測できる．

　感覚情報貯蔵庫から短期記憶（short term memory:STM）への情報の転送過程について述べていくことにする．この転送過程では，感覚情報貯蔵庫に入力された情報に意味をもたせる操作すなわち5.1.5で述べたパターン認識が行われている（図5.28参照）．例えば「あ」という視覚刺激が提示された場合には，パターン認識によって「あいうえお」の最初の文字だとか，「あさがお」の「あ」だとかというふうに概念との結びつけの操作が行われる．このような操作は，特徴分析（feature analysis）によって行われると考えられる．パターン認識のモデルと概念をそれぞれを図5.29と図5.30に示す．

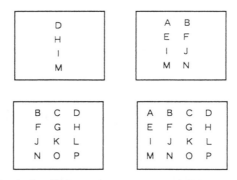

図5.22　知覚の範囲の測定で用いられる実験刺激の例

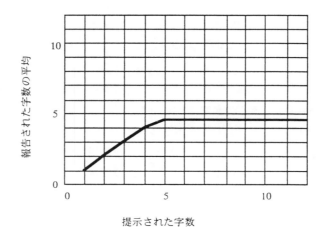

図5.23　知覚の範囲の測定の実験結果

図5.24　Sperling(1960)[48]の第1実験と第2実験の概要

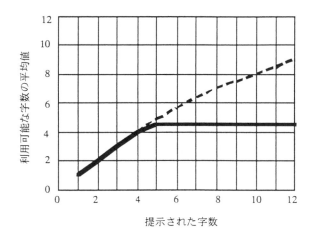

図5.25　Sperling(1960)[48]の第 1 実験の結果

5.2.2　短期記憶

　まず最初に，記憶の 2 段階説に対する根拠を臨床例と実験事実から示しておく．臨床例から次のような症例が報告されている．例えば大脳辺縁系の海馬へ傷害を受けた場合には，昔のことは覚えているが，新しいことは一切学べないという大変やっかいな障害が生じることがある．ただし，限られた量の情報はごく短期的には記憶できる．海馬の損傷によってある日突然記憶をなくし，数10秒前のことですらほとんど記憶することができなくなってしまう（前向性の健忘）．以上の事例から，記憶システムには，短期的な記憶を司る短期記憶（short term memory：STM）と過去の記憶を留めておくための長期記憶（long term memory：LTM）の 2 つが存在することが示唆される．上記の例は，STMからLTMへの情報転送システムが海馬の障害によって何らかの異常をきたしたものと考えられる．

　次に自由再生実験（free recall）に基づく，記憶の 2 段階説の根拠を述べる．自由再生実験とは，再生記憶における人間の記憶特性を調べるための実験パラダイムであり，学習段階とテスト段階の 2 つからなる．まず，学習段階で学習リストを提示し，その後提示されたリストを自由に再生させるものである．図5.31に自由再生実験での系列位置曲線の典型的な例を示す．系列位置とは，学習段階で学習項目が被験者に提示された順番を表す．この例では学習リストの個数は15個としてある．学習段階の最初と終わりの部分の再生率が高くなっている．これらは，それぞれ初頭効果および新近効果と呼ばれている．自由再生実験にさらに工夫を凝らして次のような実験を実施してみる．まず，学習段階終了直後に再生を実施させず，再生前に暗算課題などの妨害（ディストラクタ）課題を負荷した場合と，そうでない場合で系列位置曲線を比較してみる．その結果の典型例は，図5.32に示すようになる．すなわち，妨害課題の負荷によって新近効果が消失する．ただし，初頭効果には全く影響は認められなかった．次に，自由再生実験で，学習項目の提示速度を変化させた場合，学習項目の間の関連性をコントロールした場合，学習項目のなじみの深さ（親近性，すなわち高頻度で出現する単語か低頻度で出現する単語か）を制御した場合とで，系列位置曲線を比較してみる．その結果の典型例を図5.33に示す．すなわち，上の 3 つの実験パラメータをコントロールすることによって，初頭効果に変化が見られる．ただし，新近効果には全く影響は認められない．図5.32と図5.33は，初頭効果と新近効果が全く異なる記憶システムに基づいていることを示唆している．すなわち，初頭効果は長期記憶システム

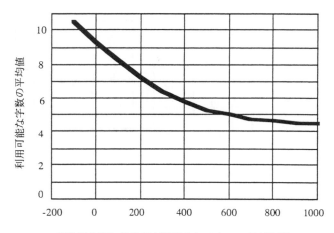

刺激消失後に信号音が提示されるまでの遅延時間　ms

図5.26　Sperling(1960)[48]の第2実験の結果

全体報告法より優れていた

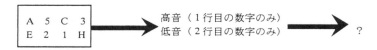

全体報告法と同等の成績

図5.27　Sperling(1960)[48]の第3実験の概要

「あ」

パターンがすべての概念のどれに対応するかを決定.
これは**特徴分析**（feature analysis）によって行われる.

図5.28　パターン認識

に，新近効果は短期記憶システムに基づいていると判断できる．最初に学習したものは長期記憶システムに転送されるが，学習段階の後半で学習されたリストは長期記憶には転送されておらず，短期記憶に保持されていると考えるのが妥当である．

　短期記憶の容量について考えてみる．Miller（1956）[49]によってマジカルナンバー7±2という論文が発表され，この値が現在でも短期記憶容量の大体の目安として用いられている．記憶容量の単位と

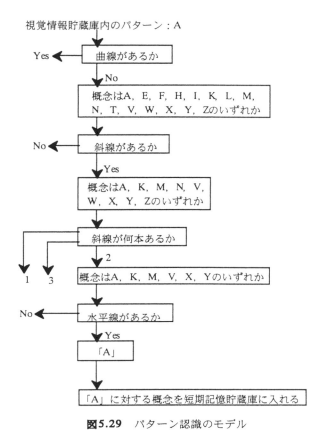

図5.29　パターン認識のモデル

して，チャンク（chunk）という概念が用いられており，これは１つのまとまりをさす．数字の場合7チャンクとは文字どおり7文字をさすが，英単語で7チャンクの場合は，7文字以上になる．また，短期記憶の段階では，どういった形式の情報が蓄えられているかということに関しては，聴覚的情報として蓄えられていると考えられている．これを示す証拠を以下で述べてみる．例えば，無意味文字列を記憶するように指示された場合，一般には心の中でこの文字列を聴覚的に（音声表現で）リハーサルしている．また，再生実験では，聴覚的に類似しているものを誤って再生することが多い．また，聴覚的に類似しているものばかりを記憶項目として再生実験を実施すると，そうでない条件よりも成績が悪くなることからも，短期記憶での情報が聴覚的に貯蔵されていることが示唆される．短期記憶のモデルを図5.34に示す．これは，これまでに述べてきたことをすべて包括するモデルになっている．ここでは，スロット数が7になっているが，これは記憶容量に関する標準的な値であり，個人によって，また記憶内容によって異なる．この図のリハーサルの部分が，短期記憶内の情報は視覚的刺激が入力された場合にも，聴覚刺激が入力された場合にも，聴覚的刺激として蓄えられていることを示している．

　図5.35に示すMurdock（1962）[50]の短期記憶減少曲線と図5.31の系列位置曲線より，我々は情報を提示されたときには，ごくわずかの情報しか記憶できないことおよび，記憶項目の順序が重要な場合には，新近性効果，初頭効果などが出現し，さらに記憶が困難になることを認識せねばならない．ま

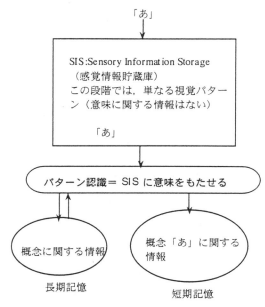

図3.30 パターン認識システム

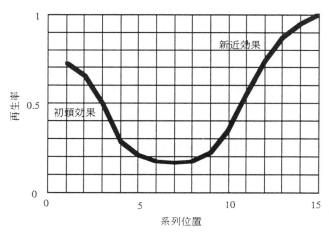

図5.31 典型的な系列位置曲線

た，短期記憶には容量的な限界があり，一時的で，記憶において項目間の相互干渉が生じる．例え
ば，マッキントッシュのアプリケーション 1 つをとっても，作業中のメニューの中にヘルプ機能が示
されていることはまれであり，どのラベルのメニューにどういった項目があるかを覚えておく必要が
ある．したがって，一貫性のあるメニュー構造が必要不可欠である．例えばマッキントッシュ用の
ワープロソフトであるEG Eord ver6.0の場合，書体→スタイル→ゴチック，書式→文章揃え→センタリ
ングなどでは，全体を 3 つのチャンクに分けることによってユーザの記憶への負担を軽減しているも
のと考えられるが，この構造はシステムの設計者の概念モデルに基づいて設計されたものであり，
ユーザがメニュー構造の各階層を上下して必要な機能を見つけるための最適な構造になっているとは
限らない．システム中の情報の構造と人間の記憶の中にある情報の構造の対応関係を十分に理解して

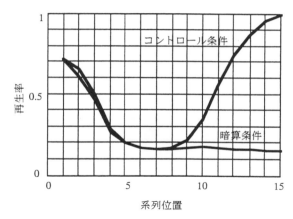

図5.32　妨害課題の付加による新近効果の消失

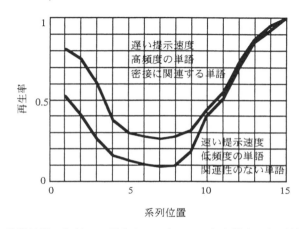

図5.33　学習効果のなじみの深さをコントロールした場合の初頭効果の消失

おかなければ，よいインタフェイスを構築することはできない.

　作動記憶（Working Memory：WM）とは，記憶過程を機能的に定義したものであり，「短期記憶に情報を蓄えるために，長期記憶から情報を呼び出している」と考えられる. すなわち，短期記憶を一種の情報が活性化状態に保持されている作動記憶と考えるほうが妥当かも知れない. 例えば，Sternberg（1966）[51]の実験結果を図5.36に示す. この実験は，記憶セット，例えば {2,7,5,9,4,6} を被験者に提示して記憶させ，例えば {3} がその中に含まれていたかどうかを後で答えさせる. ここで，以下のような仮定を置く. 項目の活性化の度合いは再認速度を決定し，項目を活性化するための情報源は有限であり，作動記憶に保持可能な項目の数は各項目の活性化の度合いに反比例する. このような仮定のもとでは，記憶セットが大きいほうが活性化の度合いは低いと考えられ，大きい記憶セットから１つの項目を認識するほうが，小さい記憶セットから１つの項目を認識するよりも時間がかかると判断できる. このようなシステムにおいては，探索は系列的ではなく悉皆的であると考えられる.

5.2.3　長期記憶

　まず，短期記憶から長期記憶への情報の転送過程について検討してみる. まず，リハーサルによっ

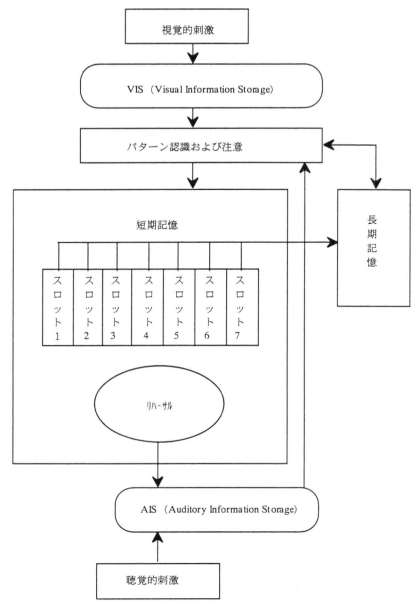

図5.34 短期記憶のモデル

て情報を短期記憶から長期記憶へ転送できる．図5.37にHellyer（1962）[52]の実験結果を示す．ここでは，被験者に3子音を覚えさせ，リハーサル回数を変えて，さらにはリハーサルをさせない保持期間（この間に暗算させた）を設けて，保持期間と再生率の関係を調べた．リハーサル回数が多いほど再生率が高くなり，より多くの情報を長期記憶へ転送できることがわかる．図5.38にHebb（1961）[53]の実験結果を示す．ここでは，9個の数字を覚えさせる試行を12回実施した．ここで1，4，7，10試行目には同じ9個の数字を提示した．その結果，4，7，10試行で再生された数字の数が増加したが，これもリハーサルの効果を示している．

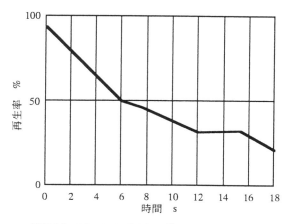

図5.35　Murdock （1962）[50]の短期記憶減少曲線

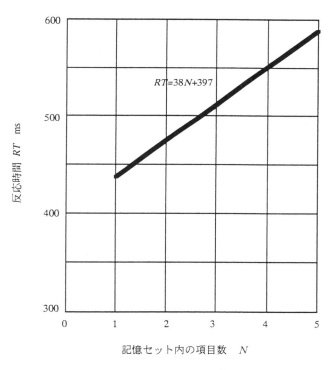

図5.36　Sternberg(1966)[51]の実験結果

　どのようにリハーサルしても必ず長期記憶への転送が活性化されるとは限らない．受験勉強で英単語を覚える場合などに，ラジオなどを聞きながら，すなわち他のことに気を奪われた状態でリハーサルしたのでは，回数を重ねてもなかなか覚えられないことは誰しも経験しているのではなかろうか．リハーサルには少なくとも2つのタイプが存在することがCraikら（1972）[54]によって指摘されている．リハーサルには大きく分けて維持リハーサルと精緻化リハーサルの2つが存在する．図5.39にCraikら(1972)[54]の実験結果を示す．24個の項目からなる学習リストを被験者に提示して，pで始まる単語が現れたら次にpで始まる単語が出現するまでこれをリハーサルするように指示した．実験が終了したところ

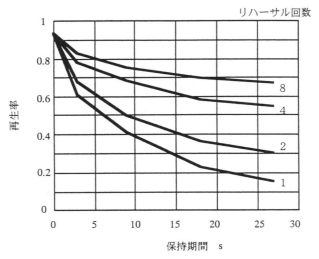

図5.37 Hellyer(1962)[52]の実験結果

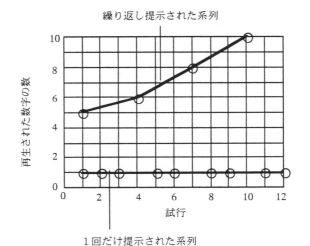

図5.38 Hebb(1961)[53]の実験結果

で，抜き打ちに被験者に再生を要求して得られた結果がこの図である．彼らのデータではpがつかない単語のリハーサル回数は0で，pがつく中で最も多くリハーサルされた回数は12回であった．この図より，リハーサルによって成績が上がらないことが示されているが，この実験でのリハーサルのさせ方では長期記憶への転送が全く生じないことが推察される．これは，単なる維持リハーサルでは長期記憶への転送過程が活性化されないことを示唆している．次に，もう一方のタイプのリハーサルすなわち精緻化リハーサルの存在を示唆するWatkinsら（1974）[55]の実験結果を図5.40に示す．ここでは，色々な長さの学習リストを使った自由再生実験を数セット実施した．1つのグループには，リストの長さを知らせ，別のグループにはリストの長さを知らせなかった．ただし，被験者にはすべてのセットの終了後に最終自由再生を要求することは伝えず，抜き打ち的に最終自由再生を実施した．リストの終わりを知らされているグループでのみ，最後の2から3項目の再生率が顕著に低くなる負の新近効果が

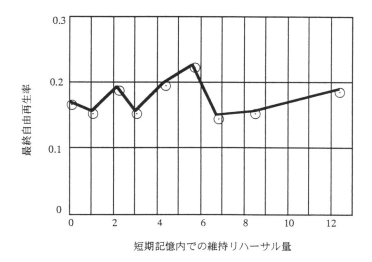

図5.39　Craikら(1972)[54]の実験結果

　観察された．一方，リストの終わりを知らされていないグループでは，負の新近効果は認められなかった．もし，リハーサルに維持リハーサルと精緻化リハーサルの区別がないとすれば，いずれのグループでもリストの終わりの2, 3項目は他の項目に比べてリハーサル回数が少ないため，新近効果がどちらにも認められるはずである．一方，リハーサルに維持と精緻化の2つが存在するとすれば，リストの終わりがいつくるか知らされているグループのみ，最後の2, 3項目のリハーサル回数を少なくするため（そしてただ単に維持リハーサルに留めておくため），負の新近効果が観察できるはずである．リストの終わりがいつくるか知らされていないグループでは，最後の2, 3項目がわからないため，リハーサルをすべての系列位置でゆるめることはできず，すべての位置で精緻化リハーサルをせざるを得ない状況にあると判断される．したがって，このグループに関しては，負の新近効果は認められないはずである．Watkinsら（1974）[55]の結果は，リハーサルに2つのタイプが存在することを支持するものであった．

　短期記憶からの再生よりも長期記憶からの再生のほうが，遅くて不正確になる．例えば，コマンド名とかファンクションキーの名前は，長期記憶に基づいて再生されるよりも，ヘルプ，プロンプト，メニュー構造などに基づいて作動記憶から再生されるほうが速くて正確になる．また，既知のカテゴリーへとうまく構造化された情報のほうが，構造化されていない情報よりもうまくかつ迅速に再生できる．コンピュータ上で表現された対象とこれらの操作との関係を，現実の関係に基づいて構造化すれば，ユーザが既にもっている知識を最大限に利用できる．また，ユーザ・インタフェイスにカテゴリー構造をもたせれば，いくつかあるいはすべての側面の間に共通する特性をユーザが認識できるようになり，一貫性を有し，統一性のある構造ができあがる．このような構造は，わかりやすく学習しやすい情報構造になっており，記憶しやすい．

5.2.4　再生と再認
　まず，再生と再認の違いについて検討してみる．再生（recall）のためには，かなり完全な情報が必要になる．また，再生のためにはなるべく多くの情報をできる限り長く短期記憶に保持しておく必要

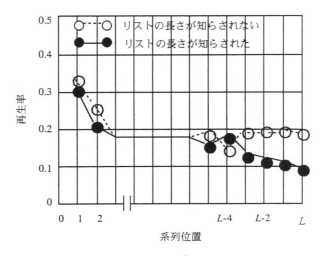

図5.40 Watkinsら(1974)[55]の実験結果

がある．図5.41に再生過程のモデルを示す．一方，再認（recognition）のためには，長期記憶に大まか
で不完全な情報があればよい．再生と再認では，異なったメカニズムが働いていることを示すデータ
が報告されている．刺激の頻度が両方の記憶に異なる影響を及ぼすことはよく知られている．低頻度
の単語のほうが再認成績は良いが，再生においては高頻度の単語のほうが再生されやすい．また，偶
発的学習と意図的学習で再生と再認の特徴が異なる．偶発的学習とは，再生または再認を要求される
ことを知らされずに学習を行うこと，意図的学習とは，再生または再認を学習の後に要求されること
を知って学習を行うことをさす．図5.42に典型的な結果の例を示す．再認の場合は，意図的学習と偶
発的学習で差がないが，再生の場合は意図的学習と偶発的学習で成績が大きく異なる．また，被験者が
用いる方略によっても，再生と再認で異なる結果が得られる．図5.43は，Tversky（1973）[56]の実験結果
である．ここでは，被験者を次の4つのグループに分けて，それぞれで成績を比較した：再認に割り
当てられて実際に再認検査を受けたグループ，再認検査に割り当てられて実際には再生検査を受けた
グループ，再生に割り当てられて実際に再生検査を受けたグループ，再生に割り当てられて実際には
再認検査を受けたグループ．再生，再認ともに最初に指定された方法で検査を受けたグループ（再生
－再生および再認－再認グループ）のほうがそうでないグループ（再生－再認および再認－再生グ
ループ）よりも成績が良かった．図5.44にWoodwardら（1973）[57]の実験結果を示す．被験者は，単語を
提示され，0から12秒の保持期間（この間に自由にリハーサルする）を置いて，すべての試行が終わっ
たときに，抜き打ち的に最終検査を実施される．最終検査は，再生か再認のいずれかであった．再生
では，保持期間にかかわらずほぼ一定の成績が得られたが，再認では保持期間の増加とともに成績も
増加した．これは，ただ単なるリハーサル（すなわち，情報を短期記憶に保持するだけ）では，再生
成績を向上させることができないというリハーサルのところで述べた結果を再確認できる．また，再
認に関しては，単なる維持リハーサルでも再認に必要な情報が長期記憶に転送されていることが示唆
され，ここでも再生と再認の違いが明らかになる．以上のように，再生と再認における情報処理様式
の違いを指摘できる．

　再生とは，既に述べたように，ログイン名やパスワード，UNIXコマンドを思い出すことをさし，再

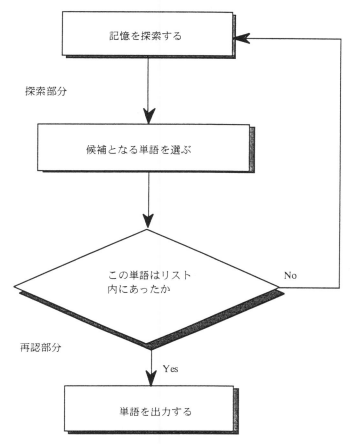

図5.41　再生過程のモデル

認とはディレクトリ内のリストから捜しているファイルを見つけだすことをさす．一般に，再生よりも再認が容易で，再生の中でも意味の再生はずっと容易である．例えば，要求されているコマンドの意味は知っているが，コマンドを正確に思い出せない場合には，コンピュータが正確なコマンド以外は受け付けなければ，ユーザはコンピュータを自由に使いこなせない．そこで，ヒューマン・インタフェイス設計ではこれらの点を利用した次のような試みが望ましい．ミススペリングを許容する．操作やデータの実体に合わせて作られたアイコンのほうが再認されやすい．また，1つの機能を実行するのに複数のコマンドを用意すべきである．

5.2.5　ヒューマン・インタフェイス設計における記憶モデルの配慮

これまでの認知科学の基礎に基づくヒューマン・インタフェイス設計についてまとめておく．

(1) 我々人間が，提示された情報を細部まで覚えていることを期待してはいけない．また，我々は，新しく情報を提示された場合には，ごくわずかしか記憶できない．

(2) 項目の提示順序が重要になる場合には，我々はさらに記憶困難になる．

(3) 我々の記憶容量には限界があり，また記憶特に短期記憶は一時的なものであり，記憶における項目間の干渉も生じる．したがって，これらを考慮して一貫性のあるメニュー構造をもたせる必要がある．

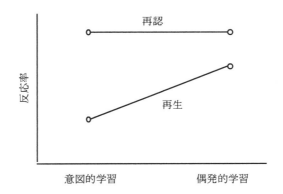

図5.42 偶発的学習と意図的学習の典型的な実験結果の例

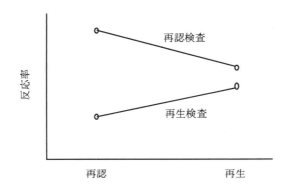

図5.43 Tversky(1973)[56]の実験結果の概要

(4) システム中の情報と我々人間の記憶の中にある情報の構造の対応関係を十分に理解したシステム設計が必要である.

(5) 我々は，長期記憶に基づいて再生するよりも，ヘルプ，プロンプト，メニュー構造などに基づいて短期記憶（作動記憶）から再生したほうが，速く正確な処理が可能である.

(6) 既知のカテゴリーへとうまく構造化された情報のほうが，そうではない情報よりも速く正確に再生できる．ユーザ・インタフェイスにカテゴリー構造をもたせ，一貫性，統一性のある構造を作れば，いくつかのあるいはすべての側面に共通する特性をユーザが認識でき，わかりやすく学習しやすい情報構造が得られ，記憶が助けられる.

(7) コンピュータ上で表現された対象とこれらの操作を，現実の対応関係に基づいて構造化すれば，ユーザがすでにもっている知識を最大限に利用できる.

(8) コンピュータが正確なコマンド以外は受け付けないようであれば，すなわちユーザがコマンドを正確に再生できなければ，ユーザはコンピュータを自由に使いこなせないようなシステムは望ましくない．すなわち，再認に基づくコンピュータ・システムの設計，例えば操作やデータの実体に似せて作られたアイコンに基づいて操作可能になるシステム設計，さらにはミススペリングを許すようなシステムや1つの機能を実行するのに複数のコマンドを用意することも大切である.

(9) メニュー，アイコンなどは，使用可能な機能や情報について，より多くのアクセスポイントを与えるためのきっかけを与える役割をもつため，これらを慎重に設計しなければならない.

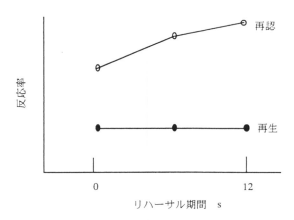

図5.44　Woodwardら(1973)[57]の実験結果の概要

　(10) 命題ネットワークの集合で表されている連想ネットワークの一部が活性化することにより，プライミングが促進される．したがって，記憶の中にある情報へアクセスする方法が複数個あれば，その情報は再生されやすくなる．

　(11) メニューリストの諸項目がランダムに配置されているよりも，項目間に統一性があるほうが，速く読むことができるし，覚えやすい．すなわち，項目間の統一性によってプライミング効果が促進される．

　(12) マルチファインダーで類似したアプリケーションを使用しているとき，例えば同等の機能へのアクセスの方法が異なれば，干渉が生じ，記憶からの再生が妨げられ，エラーが生じる．また，ユーザは機能とそれへのアクセス方法との関係という形で知識を形成している．アクセス方法が多くなると，それぞれの知識の活性度が減少し，エラーが生じる．

　(13) 情報が提示されると，これは記憶内の他の項目を活性化する．活性化された情報が不適正なものであれば，エラーを生じさせる可能性がある．情報提示が他の項目の適正な活性化を導くようなインタフェイス設計が必要不可欠である．

　(14) ユーザへの追加情報の提供によって，あいまいさが減り，記憶構造が精緻化されるが，追加情報が不適切な場合は，あいまいさが増加し，記憶構造が歪められてしまうこともあるので，追加情報の選択では注意を要する．

5.3　命題ネットワーク

　外界の情報は，認知情報処理過程において何らかの情報処理がなされ，知識として貯蔵される．そして，その意味を抽出して，表象するわけであるが，そのために必要な知識の基本単位が命題である．命題は次のような特徴を有する．

　Ⅰ．命題は文そのものではなく，文のもつ抽象的な意味を表す．

　Ⅱ．独立した内容をもち，それについて真偽を問うことができる．

　Ⅲ．いくつかの規則に従って，何らかの形式的構造をもつ．

命題ネットワークは，記憶過程や知識構造を利用する道具として用いることができる．命題は，ノード（節点）とノード（節点）間を連絡するリンクで表され，リンクには関係，主体，対象，受容者，

時間などの結合のタイプを示すラベルが付けられている．命題ネットワークは，認知系における記憶過程や知識構造を研究するための1つの手段として利用できる．次のような命題ネットワークについて考える．

1. Aがチョコレートを買った．
2. BがAのチョコレートをもらった．
3. CがBのチョコレートを盗んだ．

例えば，「チョコレートを買ったのは誰」，「チョコレートをもらったのは誰」，「チョコレートを盗んだのは誰」といった質問に答えられるようにするためには，記憶構造（意味ネットワーク）にアクセスし，ノード間のリンクを探索する必要がある．図5.45にこの命題ネットワークの構造を示す．「チョコレートを買ったのはA？」，「チョコレートをもらったのはB？」，「チョコレートを盗んだのはC？」といった再認形式の質問に対するほうが，既に述べたように，ネットワークに対してより多くのアクセスポイントが与えられるため，答えやすい．ヒューマン・インタフェイス設計では，メニュー，アイコンなどは，使用可能な機能や情報について，より多くのアクセスポイントを与えるためのきっかけ（cue）を作る役割をもっているため，これらは重要な役割を果たす．

5.4 プライミング，活性化の拡散，干渉効果

命題ネットワークの集合として表される連想ネットワークの一部が活性化すると，5.1.4で述べたプライミング（priming）効果が生じる．したがって，記憶の中のある情報へアクセスする方法が複数個あれば，その情報は再生されやすくなる．また，メニュー項目の集合を設定する場合には，メニューリストの諸項目がランダムに配置されているよりも，項目間に統一性があるほうが速く読むことができるし，覚えやすい．すなわち，項目間の統一性によって，プライミング効果が促進される．例えば，次のようなMeyerら（1971）[58]のプライミング効果に関する実験について考えてみる．被験者は単語対を2行にわたって提示される（1行に数個の単語が表示されている）．被験者は対を上から下へ判定していき，どちらかの単語が無意味ならばNoと反応する．その結果，被験者は上の項目が無意味なほうが下の項目が無意味な場合よりも反応時間が速く，項目間に関連のあるほうが反応時間は速く，プライミングが単語を読む速さを促進することが示された．

また，Ratcliffら（1981）[59]の活性化の拡散に要する時間に関する実験結果について考えてみる．被験者に複数個の文章を記憶させ，再認型のテストを実施し，ある名詞が提示された文章に含まれているかどうかを答えさせた．ここでは，実験者は同一の文章からプライミングしやすい名詞を提示する条件とそうでない条件を組み合わせて実験を行った．その結果，プライム条件のほうがそうでない条件よりも反応時間が速いことが明らかになった．また，プライミング条件では，プライムとターゲットの遅延時間をコントロールしたところ遅延時間の増加とともに再認時間が減少することが示された．その結果を図5.46に示す．これより，200msを境として，直線の勾配が小さくなっていることがわかる．すなわち，200msを境として，プライミング効果が減少し始めており，プライミングとターゲットの遅延時間が長くなると，プライミング効果が生じにくくなることが示唆される．

活性化の拡散によって必ずしも良い結果がもたらされるとは限らず，記憶からの再生を妨げる干渉（interference）も生じる．干渉の出現形態としては，次の2つのタイプがある．

a. 複数の情報項目のリンクによって，新しいユニットが形成され，誤った推論が行われる可能性が

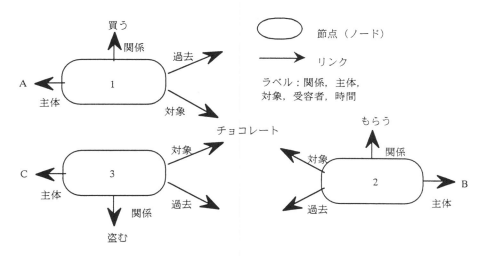

図5.45　命題ネットワークの例

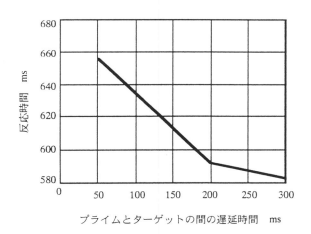

図5.46　Ratcliffら（1981）[59)]の活性化の拡散に要する時間に関する実験結果

ある場合（例えば，UNIXのコマンドであるlsがDOS/VやMacなどでも使えると誤った推論をするかもしれない）

　b．情報項目の数が多くなった場合

　5.2.5でも述べられているように，このタイプの干渉は，同等の機能へのアクセス方法が異なる複数の類似システムを使用している場合に生じる．すなわち，ユーザは機能とそれへのアクセス方法との関係に基づいて知識を形成しているため，アクセス方法が多くなると，それぞれの知識の活性度が減少し，干渉が生じてエラーが起こりやすくなる．また，ユーザへの追加情報が不適切な場合には，あいまいさが増加し，記憶構造が悪化するため，干渉が生じる．

5.5 推論，スキーマ，スクリプト

　必ずしもある項目を記憶から直接的に検索する必要はない．推論するために必要な情報を検索し，これに基づいて推論を行い，その項目を再生させる方法もある．一方では，精緻化や推論などの思考過程によって事実が尾鰭が付けられて（バイアスがかけられて）記憶貯蔵庫へインプットされる場合もある．この現象を説明するために，スキーマ（schema）を利用できる．

　スキーマとは，知識，記憶内の情報を組織化するための構造を表す．ここで人間の記憶過程について考えてみたい．記憶過程では，入力された情報を単にコピーして貯蔵しているのではないと思われる．記憶過程では，これまでに記憶内に蓄えられた様々な知識に入力された情報を照らし合わせて意味を解釈し，それに合うように入力情報を再編成していると考えられる．記憶に蓄えられた様々な知識の集合をスキーマ（schema）と呼ぶ．すなわち，スキーマとは，記憶に蓄えられた一般的概念や知識を表現するためのデータ構造と考えられる．スキーマの存在を仮定した場合，これをいかに組織化してどのような構造をもたせて記憶を行い，知識を利用しているかは興味がもたれるところである．スキーマのもつ特徴を図5.47に示す．スキーマは変数をもち，階層構造ももつ．さらに，スキーマはあらゆる抽象度（レベル）の知識を表現できる．スキーマ（schema）とは，記憶に蓄えられた一般概念を表現するためのデータ構造であり，事象，行為あるいはそれらの系列について一般化された知識の集まりを表す．スキーマによる認知情報処理では，1つまたは複数のモデルを生成し，入力された情報に対してどのモデルが最もよく当てはまるかを判定する．スキーマは，サブスキーマのほうから入力情報にデータがうまく適合しているかどうかを調べるボトムアップ的な処理と，上位スキーマから入力情報に対してデータがうまく適合しているかどうかを検討していくトップダウン的な処理からなる．両者を繰り返して用いながら，意味の解釈を行い，最高の適合性を有するスキーマの集合が入力情報に対する意味の解釈を与える．

　スクリプト（script）とは，頻繁に起こる日常的な行動や出来事の系列に関する構造化された知識（スキーマ）を表す．スーパーでの客の行動に関しては，入口で買い物かごをとり，買い物をし，レジに行って代金を払って出るというスクリプトを誰もがもっている．またレストランに行ったときの行動に関しては，席に着き，メニューを見て注文し，食事を終了後にキャッシャーで支払いをして，店を出るというスクリプトを誰もがもっている．我々は，このようにスキーマやスクリプトを記憶にもっているため，入力された情報をこれらに照らし合わせて再編成して，記憶に蓄える．したがって，このプロセスで入力情報が歪められたり，誤ったものとして再編成される可能性がある．スクリプトは，変数（役割，小道具）をもち，開始条件の集合を含み，シーンと結果を含むなどの特徴を有する．例えば，次のような例に対するスクリプトを考える．中華料理店へ行って，料理を注文して，食事の後に料金を支払って店を出た．以下のスクリプトは，この例を説明するための十分な情報を提供している．

開始条件：空腹，お金をもっている，中華料理店は営業中である．

役割：食事をする人，ウェイター，キャッシャー

小道具：　テーブル，椅子，メニュー，はし，料理，お金

（開始シーン）

客が中華料理店に入る．

ウェイターが客をテーブルに案内する．

1. スキーマは変数をもつ
「贈る」・・・x：与え手，y：受け手，z：贈られる対象
　　　　　太郎が花子にポチを贈った．
　　　　　　x　　y　　z

2. スキーマは階層構造をもつ

顔　┬─┬ 目　　　┬ 瞳孔
　　│　│ 鼻　　　├ まぶた
　　│　│ 口　　　├ まつげ
　　│　│ ・　　　│ ・
　　│　│ ・　　　│ ・

3. スキーマはあらゆる抽象度（レベル）の知識を表現できる

図5.47　スキーマの特徴

ウェイターが客にメニューを渡す．

客がメニューを見る．

（注文シーン）

客がメニューを見て，注文する料理を決定する．

客がウェイターを呼ぶ．

ウェイターが客のテーブルに来る．

客が料理を注文する．

ウェイターが去る．

（食事シーン）

ウェイターが客のテーブルに料理を運ぶ．

ウェイターが去る．

客が料理を食べ始める．

客が料理を食べ終わる．

（レストランを去っていくシーン）

客がキャッシャーに行く．

客がキャッシャーで勘定書を渡す．

キャッシャーが客に料金を伝える．

客が料金を支払う．

キャッシャーが料金をチェックする．

客がレストランを去る．

5.6　知識構造

5.6.1　知識表現

知識の表現は，対象をモデル化することによって行われる．表現される世界が表現されている対象

で，表現する世界が表現のための手段に該当する．Palmer（1978）[60]は，知識表現のための次の5つの特性を明らかにした．

1. 表現される世界とは．
2. 表現する世界とは．
3. 表現される世界のどの側面がモデル化されるか．
4. 表現する世界のどの側面がモデル化されるか．
5. 2つの世界のどの部分が対応関係にあるのか．

知識の表現法には，命題的表現（propositional representation），類推的表現（analogical representation），手続き的表現（procedural representation）の3つが存在する．まず，命題的表現について考える．概念は，意味属性の集合で表現できると考えるのが命題的表現の特徴である．意味属性の集合は，次のものよりなる．

素（disjoint）：属性が全く重複していない．

重複（overlap）：いくつかの属性が重複している．

入れ子（nested）：Xのすべての属性がYに含まれる．

同一（identical）：Xの属性とYの属性が一致する．

このタイプの知識を表現するためにCollinsら（1969）[61]によって意味ネットワークモデルが提案された．次の3つの文について考える．

Ⅰ.「白鳥は餌を食べる」

Ⅱ.「白鳥は飛ぶ」

Ⅲ.「白鳥は白い」

この例に対する意味ネットワークを図5.48に示す．これらの3つの文に対する反応時間は，意味ネットワークに従って，Ⅰ，Ⅱ，Ⅲの順に大きくなる．すなわち，意味ネットワークの階層が深くなるにつれて反応時間も増加し，このモデルは人間の記憶構造をうまくモデル化しているように思われる．階層の水準間の距離ではなく，属性の頻度が反応時間を決定しているのではないかとも考えられる．また，意味ネットワークモデルは，すべて「動物」，「果物」のような単純な名義概念を用いて得られた結果であり，その他の概念には適用不可能であるとの批判もある．意味ネットワークの特徴として，属性継承をあげることができる．これは，複数の概念間で属性が共有されるとするものである．例えば，「建築物」は「住宅」の上位概念であるが，両者は「壁」，「床」，「屋根」といった共通の属性を有する．ただし，下位の概念が上位の概念のもつすべての属性を継承するとは限らない．例えば，「だちょう」は「鳥」の下位概念であるが，「飛ぶ」という属性は有さず，属性継承が当てはまらない．したがって，意味ネットワークは，物語中の事象のような高レベルの知識構造には適用できない．これらの知識構造のモデル化のために，Minskyのフレーム（frame）[62]，Rumelhartのスキーマ[63]，Schankのスクリプト[64]などが用いられている．以上のように，意味ネットワークモデルは完璧なものではないが，人間の知識構造に果敢にアプローチしようとしたところにその価値を見いだすことができる．知識は階層構造として蓄えられていると考えたのがこのモデルの特徴である．

次に，類推的表現について述べる．これは，イメージ（mental image）を表現する役割をもっている．視覚化の働きが有効な例として，アイコンをあげることができる．文字よりもアイコンベースのインタフェイスのほうが優れていることは明らかであろう．ただし，これが常に正しいとは限らな

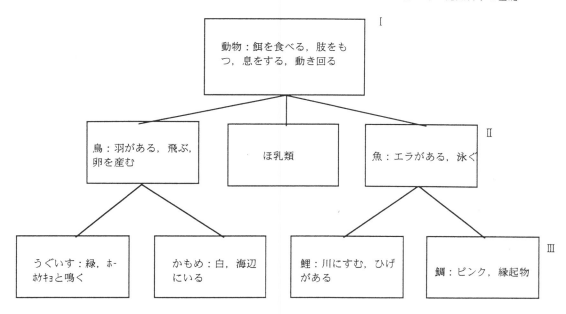

図5.48　意味ネットワークの例

い．Rogers（1986）[65]の研究では，ラベルのついた具体的なアイコンが最も記憶しやすいことを示した．イメージ化の能力には，個人差の次元があるため，アイコンベースのインタフェイス設計ではこの点を注意する必要がある．また，ラベルなしのアイコンの場合には，単なるラベル表示よりも必ず効果があるとは限らない．類推的表現の根拠がShepard（1971）[42]によって示されている．イメージの基礎にある知識は，命題的ではなく類推的であることが以下のようにして示された．複雑なオブジェクトを提示して，これを回転したものを他のオブジェクトとともに提示した結果，回転角度の増加とともにオブジェクトを見いだすための時間が増加した．

　手続き的表現に関しては，例えば自転車の乗り方（技の記憶）などがこれに相当する．一方，自転車の部品の知識，どこで購入するか，何のために使うかなどは宣言的知識に相当する．手続き的知識は，プロダクション・ルール（ if→thenまたはcondition→action）に基づいて，記述可能である．

5.6.2　意味ネットワークモデル

　宣言的記憶にはエピソード記憶と意味記憶が存在する．エピソード記憶とは，入試のときは大雪だったなどの事象の記憶に関するものである．意味記憶とは，知識，規則，言語，概念などの一般的知識を表し，例えば，「日本列島では北にいくほど厳寒な気候になる」や「ヘロンの公式とは，三角形の３辺の値に基づいてその面積を計算するためのものである」などである．「都道府県の中で島がつくところはいくつあるか」という質問に答えるためには，意味記憶の中の辞書を検索する必要がある．ところで，この辞書はいかなる構造を有しているのだろうか．また，我々はこの辞書をいかにして検索しているのだろうか．この疑問に対する１つの解法が，すでに述べた意味ネットワークモデルである．

　意味ネットワークモデルに関連づけて意味記憶について検討していく．Meyer（1970）[66]の提案した集合論的モデルに属する属性モデルについて考えてみる．このモデルでは，記憶は属性の集合で構成

されていると仮定する．例えば，リンゴは，リンゴを定義する属性の集合で表され，上位の概念である果物も同様に，果物を定義する属性の集合として表現される．「リンゴは果物ですか」という質問に答える過程では，果物を特徴づけるすべての属性がリンゴの属性であるかどうかを決定する過程を含んでいる．Meyer（1970）[66]は，次の手順に従って実験を実施した．被験者の眼前に置かれたCRTに「すべてのXはYである」もしくは「あるXはYである」という文が表示される．ただし，XとYの部分にはこの段階では何も入っていない．第2段階では，X，Yの部分が埋められる．例えば，XがリンゴでYが果物で埋められる．第3段階では，文の真偽をできるだけ速く判定して，キー押し反応を行う．この結果，「あるXはYである」のほうが「すべてのXはYである」よりも反応時間が速くなることが明らかにされた．この原因は，以下のように分析された．「すべてのXはYである」に対しては，XとYで共通するものがあるかを調べる．もしXカテゴリーがYカテゴリーと交われば，2番目の過程が実行され，Yカテゴリーのすべての属性がXカテゴリーの属性であるかを決定する．すなわち，2段階で処理を行い，「すべてのXはYである」の真偽を決定するためにはXとYが交わるかどうかを調べ，交わる場合にはYカテゴリーのすべての属性がXカテゴリーの属性であるかを決定する．一方，「あるXはYである」に対しては，XとYが交わるかどうかを決定しさえすればよい．以上の理由より，Meyer（1970）[66]は「すべてのXはYである」よりも「あるXはYである」のほうが反応時間が短くなると考えた．このようなMeyer（1970）[66]のモデルには，「大雑把にいえば，コウモリは鳥です」などの文章は正しく扱えないという欠点も有する．この欠点に対処するために考えられたのがSmithら（1974）[67]の特性比較モデルである．

　Smithら（1974）[67]は，記憶内の項目の意味には2つの特性があると仮定した．項目の意味の基本的な側面を構成する特性である定義的特性と項目を記述する働きをもつ特徴的特性の2つである．これら2つの特性について具体例をあげて説明してみる．リンゴには「食べられる」，「甘い」，「種がある」などの絶対に満たさねばならない特性があり，これが定義的特性である．しかし，「畑で作られる」，「種をまいて作られる」，「スーパーで売られている」などの特徴的特性は，リンゴと関係があるが必ずしもリンゴを定義しない．特性比較モデルに基づいて，ある事例がカテゴリーの成員であるかどうかを検証する過程を図5.49に示す．まず，事例（コマドリ）とカテゴリー（鳥）の定義的特性と特徴的特性を比較して，両者の類似性を調べる．対応性が高い場合には，「はい」と答え，低い場合には「いいえ」と答える．また，対応性が中程度の場合には第2段階に進み，事例とカテゴリーの定義的特性のみを比較する．このモデルで意味記憶に関する実験データをどの程度まで説明できるかについて明らかにしていく．

　まず，このモデルによって典型性効果がうまく説明できることが明らかになった．すなわち，より典型的な事例のほうが典型的でない事例よりも反応時間が短くなるのは，典型的でない事例の場合には図5.49の第2段階を実行しているためと説明がつく．「カナリアは鳥です」と「カナリアは動物です」の2つの文章を比較した場合，カナリアの特性がすぐ上位の概念である「鳥」の特性と重複するほうが，さらに上の概念の「動物」の特性と重複する程度よりも多いとすれば，「カナリアは鳥です」のほうが「カナリアは動物です」よりも反応時間が短くなる結果は，特性比較モデルで十分に説明できる．「犬はほ乳類です」と「犬は動物です」の2つの文について，意味ネットワークモデルでは，「ほ乳類」のほうが「動物」よりも下位の概念であるから，「犬はほ乳類です」のほうが「犬は動物です」よりも反応時間が短くなるはずであるが，結果は逆であった．特性比較モデルに照らし合

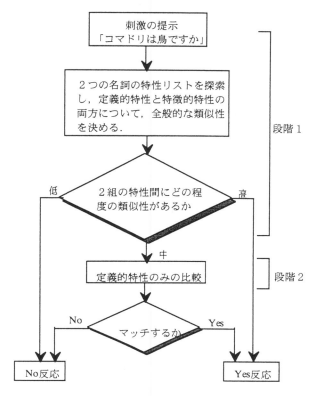

図5.49　Smithら(1974)[67]の特性比較モデル

わせて考えてみると，犬は「ほ乳類」よりも「動物」のほうとより類似性が高く，「犬はほ乳類です」よりも「犬は動物です」のほうが反応時間が短くなる説明をつけやすい．先ほど属性モデルのところで指摘した問題点「大雑把にいえば，コウモリは鳥です」の解釈も特性比較モデルでは可能である．特性比較モデルの第1段階で，コウモリと鳥の特性の類似度は中程度と判断する．第2段階に進んで，両者の定義的特性のすべてがマッチしていないということで，この質問に対しては「No」と答えることになる．この質問に対して誤って「Yes」と答える場合には，特性モデルでは，第1段階で両者の特性（定義的特性と特徴的特性）の類似度を高いと判断してしまったと解釈することができる．

しかし，特性比較モデルにもいくつかの欠点があることが指摘されている．定義的特性と特徴的特性を区別するのが難しい場合がある．例えば，「4本の足がある」は机の定義的特性か特徴的特性かを区別するのは難しい．また，特性比較モデルでは，事例とカテゴリーの関連性が高いほど反応に時間がかかることを予測できる．すなわち，「机はコマドリですか」よりも「ライオンはコマドリですか」のほうが「No」反応に時間を要することは，机とコマドリの類似性（全くない）よりもライオンとコマドリの類似性（動物という類似性がある）のほうが高いことから，特性比較モデルによる説明が可能である．しかし，これに対する反論も提出された．例えば，次の2つの文を考える．「ある椅子は岩です」，「ある椅子は机です」．特性比較モデルによれば，後者のほうが類似性が高いため，「No」反応のための時間も後者のほうが長くなることが予想されるが，結果は逆であった．

Collinsら（1975）[68]は，この問題点を補うべくCollinsら（1969）[61]の意味ネットワークモデルを拡張して，活性化拡散理論（spreading activation theory）を提案した．活性化拡散理論によるネットワーク構

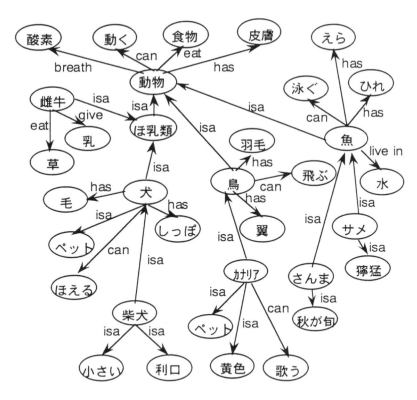

図5.50 Collinsら(1975)[68]の活性化拡散理論によるネットワーク構造の例

造では，意味的類似性にそって概念が図5.50のように配置されている．より多くの線で結び付けられているほどより類似性が高く，より近い関係にあることになる．ある概念が刺激されると，活性化がネットワーク内を結線にそって拡散していくと考える．このモデルによれば，「ダチョウは鳥である」，「カナリアは鳥である」という2つの文の真偽の判定の反応時間をうまく説明できる．後者のほうがネットワーク構造上カナリアと鳥の結び付きが強く，より多く活性化されているため反応時間がそれだけ速くなると解釈可能である．また，前述の「ある椅子は岩です」，「ある椅子は机です」の2つの文の「No」反応のための反応時間は，後者のほうが短くなることを活性化の程度が後者のほうが強いことによって活性化拡散モデルから説明することが可能である．活性化に属する現象としてプライミング効果（priming effect）がある．プライミング効果とは，前述のようにある語や図形の認知の速さが時間的に先行して提示された語ならびに図形によって妨害されたり，促進されたりする現象をさす．また，プライミング記憶とは，あるものを見て無意識にこれと類似したものを思い出すことをさす．活性化拡散理論によって，プライミング効果やプライミング記憶の現象をうまく説明することができる．例えば，2語が短い時間間隔をおいて経時的に提示され，両者の意味的関連性を判断して，関連性が高い場合には「Yes」反応を行う実験パラダイムでは，例えばbutterの後にnurseが来る場合に比べて，doctorの後にnurseが来るほうが反応時間が短くなる．これは，意味的プライミング効果と呼ばれる．さらに，プライミング効果は，活性化拡散理論を支持する根拠を与えるという以上に，意味ネットワークの構造を探求するために，ますます重要になってくるものと思われる．

　人間の記憶に関する研究は，エピソード記憶が圧倒的に多く，意味記憶を対象にした研究はまだ少ない．人間の記憶特性の解明のためには，意味記憶に関する研究の進展（記憶内でいかに構造化されているかという点とどのようにしてその情報を検索するかという点の解明）が望まれるところである．また，上記のモデルはそれぞれに利点と欠点を有しており，それぞれの利点を組み合わせたよりよい意味記憶モデルの提案が望まれるところである．さらには，エピソード記憶と意味記憶のインタラクション（interaction）に関する研究も重要になってくると思われる．

5.7　学習過程

5.7.1　技能の獲得

　技能の獲得過程は，宣言的知識の獲得，手続き的知識の獲得（知識項目間の結び付き強化），自動化の3つよりなる．これは，第8章のヒューマン・エラーのところで述べるRasmussen（1986）[69]による人間行動に関する3つの認知的階層モデルにおける，知識ベースの行動，ルールベースの行動，スキルベースの行動に対応すると考えられる．例えば，次のような例を考える．小包仕分けに関する情報入力の学習で，いかに技能が獲得されるかがJohnsonら（1986）[70]によって明らかにされた．ここで必要になる技能は，小包の宛先の数字コードを入力するための数字キーパッドの操作である．実験が進むにつれて，被験者の行動は，aからbへ，さらにはbからcへと推移していくことが明らかにされた．aからbへの推移では，「読む」と「変換する」という手続きが1つにまとめられたこと，すなわち町名を番号に変換する行動が自動化されたことである．もう1つ注目すべき点は，2つのキーを探す行動が完全に終了してから，押下の動作に入るようになったということである．bからcへの推移では，「探す」，「キーを押す」という手続きが自動化され，さらには「読む」，「変換する」，「キーを押す」が1つの手続きとして，自動化されていることがわかる．以上のように，技能の獲得につれて，宣言的知識や手続き的知識が自動化されていく様子がよくわかるが，この自動化があまり定着し過ぎても，ヒューマン・エラーにつながることに注意せねばならない．

a.　町名を読む

　　町名を2桁番号に変換する

　　1番目のキーを探す

　　1番目のキーを押下する

　　2番目のキーを探す

　　2番目のキーを押下する

b.　町名を読んで2桁の番号に変換

　　1番目のキーを探す

　　2番目のキーを探す

　　1番目のキーを押下する

　　2番目のキーを押下する

c.　町名を読んで2桁の番号に変換し，2つのキーを探して押下する

5.7.2　学習効果

学習過程は，一般には学習のべき法則によってモデル化できることがよく知られている．例えば，1

サイクルの学習に要する時間をy，学習回数をxとすれば，$y=ax^b$で表される．両辺の常用対数を取れば，$\log_{10}y=\log_{10}a+b\log_{10}x$となり，$(x,\ y)$を両対数表示すれば，直線上にのることがわかる．学習過程におけるプラスの転移（transfer）とは，1つの技能で得られた知識が新しい技能の遂行を助けることを，マイナスの転移とは1つの技能で得られた知識が新しい技能の遂行を妨げることを表す．ソフトウェアの変更でプラスの転移が生じることもあれば，マイナスの転移が生じることもある．ヒューマン・インタフェイス設計では，プラスの転移を最大に，マイナスの転移を最小にするように心がけなければならない．プログラミングの技能1つをとっても熟練者は，初心者よりもプログラムの特徴を記憶する能力に長けている．また熟練者は，プログラミングにおけるあるレベルを十分に検討して次のレベルに進むが，初心者は一通りすべてのレベルをこなしておいて，改めて各レベルの再検討を行う．そこで，初心者と熟練者のどちらにも当てはまるシステム設計が必要になる．また，ヘルプ機能のレベルと使い方に関しても，初心者と熟練者で扱いを別にしたほうが望ましい．UNIXなどでも熟練者は，コマンドの構文を忘れたときには，オンラインマニュアルなどのようなヘルプ機能を利用するが，これは初心者にとってはあまり役に立たない場合が多く，初心者と熟練者で異なるヘルプ機能を備えることが望ましい．

　以上のように，認知科学の基礎を十分に理解した上で，コンピュータ・ソフトウェア，コンピュータ・システム，人間－機械（コンピュータ）系などのヒューマン・インタフェイス設計に取り組むべきである．認知科学を基礎として，その知見を工学的設計に応用する認知工学については，次の第6章で詳しく述べている．

第6章　認知工学

　本章では，認知科学の重要な応用分野である認知工学について述べ，認知科学が実際の産業場面へいかに応用されていくべきかについて論じ，認知科学の重要性を再認識する．まず，認知工学の歴史について触れて，ヒューマン・インタフェイスと認知工学の関係を明らかにしていく．そして，認知工学が製品設計や人間とコンピュータのインタフェイス設計にいかに活用されるかを理解する．ここでは，認知工学の応用事例として，Normanの設計事例の応用例，プレゼンテーションにおける応用例，表示装置とコントロール装置の設計への応用例，実際に認知工学的原則を取り入れたシステム設計におけるパフォーマンス評価などを取り上げて，認知工学の重要性を強調する．

6.1　認知工学とは

　認知工学（cognitive engineering）という言葉（学問分野）は著名な認知科学者であるNormanやRasmussenが提唱したものであるが，これまでに十分に普及しているとはいえない．Normanの言葉を借りて狭義に認知工学を定義すれば，「コンピュータのインタフェイス設計を想定した認知科学の応用分野で，情報科学による計算機システムの知識と認知科学によるユーザのエラー特性などの認知特性を統合化して，よりよいコンピュータ・システム設計を行うという工学的分野」となる．しかし，日常我々がよく使う電化製品，自動車，キッチン用品などを使いやすいように，認知科学の基礎知識を応用して設計していくことも認知工学の1つの分野であり，広義には，認知工学はヒューマン・インタフェイス（human interface），人間工学，ヒューマン－コンピュータ・インタラクション（human-computer interaction）と同じ学問領域を表すと考えても支障はないと思われる．ただし，ヒューマン－コンピュータ・インタラクション[2),71)-73)]は，一般にはコンピュータ関連の分野に限定したものとなっている．また，ヒューマン・インタフェイスは，当初はヒューマン－マシン（コンピュータ）・インタフェイスと呼ばれていたが，人間を中心にするという意味合いを強調するために，ヒューマン・インタフェイスと呼ばれるようになり，対象もヒューマン－コンピュータ・インタラクションのみではなく，人間工学全般の幅広い領域を包括している．人間工学という学問分野は時代とともに変遷しており，現在の人間工学≒ヒューマン・インタフェイスと考えてよいのではないかと著者は判断している．ここでは，認知工学を筆者なりに「認知科学を工学に組み入れて，人間をサポートする人間－機械系の最適な設計と構築を行うための学問分野」と定義しておきたい．

　まず人間工学と認知工学の関わりについて筆者なりに考えてみたい．人間工学とは，第2次世界大戦をきっかけとして生まれた学問分野であり，実験心理学的な手法を駆使して空軍のパイロットの事故増加を防ぐための計器設計を行った研究に端を発するとされている[74)]．すなわち，人間の使いやすさ，操作しやすさ，見やすさ，わかりやすさ，安全，エラーの起こりにくさなどを合言葉（最終目標

＝設計目標）として，人間の生理的特性，心理的特性，形態的特性の３大特性を総合的に考慮して機械・環境と人間の適合を図れるようなシステムすなわち人間－機械系を設計するインタフェイスに関わる学問分野が人間工学である．現在，人間工学には本来の流れをくんだアメリカ流のHuman Factorsと労働科学へ分岐していったヨーロッパ流のErgonomicsの２つの呼び方がある．人間－機械系の概略を図6.1に示す．認知工学は，図6.1の中でも人間の頭の働きすなわち認知情報処理特性に重点を置いて，人間－機械（コンピュータ）系の最適設計を行うための学問分野であると定義でき，人間工学の中の１つの分野としてとらえることも可能である．例えば，コンピュータシステムの設計１つをとってみても，初心者でも容易に使え，エラーを起こしにくくするためには，人間の学習特性や認知情報処理特性が十分に配慮されていなければならない．また，ヒューマン・エラーの分野においても，人間の認知情報処理特性を解明し，これをエラーが少ないシステム設計に役立てていくためには，認知工学の役割は非常に重要である．これについては，ヒューマン・エラー防止のためのアプローチとして非常にユニークなRasmussen（1986）[69]で詳しく述べられているので，第８章を参照されたい．人間工学，ヒューマン・インタフェイス，認知工学，ヒューマン－コンピュータ・インタラクションの大まかな関係を図6.2にまとめておく．いずれの分野でも，Grandjean（1988）[75]のいうように "Fitting the task to

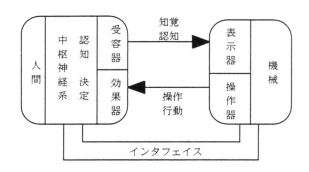

図6.1　人間－機械（コンピュータ）系

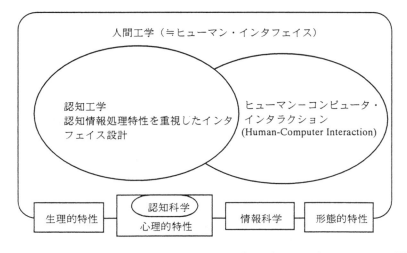

図6.2　ヒューマン・インタフェイス，ヒューマン－コンピュータ・インタラクション，認知工学の関係

the man"が基本である.

　認知科学的側面に重点を置いた人間工学は，近年欧米ではCognitive Ergonomicsと呼ばれており，人間工学会誌，Human Factors，Ergonomics，Applied Ergonomics，International Jouranal of Human-Computer Interactionなどの内外の人間工学関連の論文誌でも認知科学的側面の応用に重点を置いた研究が中心的存在になりつつある．これまでの人間工学では，人間の知覚特性は重視しても（例えば，コンピュータのキーボードのキーの配列やメニュー画面の作成は主として人間の視覚特性を重視している．これも広義の認知工学と定義することができるだろう），学習，記憶，推論などのさらに高次の認知系を取り扱った研究は少なかったと思われる．これからは，認知工学の発展に伴って人間工学やヒューマン・インタフェイスでは，認知的側面に重点を置いた研究がますます必要になってくるものと思われる．

　人間の感性に訴えるような製品設計などは，人間の情動系の働きとは切っても切れない関係にあり，認知科学的側面との関わりが全くないとは考えられない．交通認知などでも安全な運転を達成するためには，知覚特性，注意，意思決定などの認知科学的側面の考究が重要である．また，スポーツにおいても運動生理などの面からみた体力的なもののみではなく，それぞれのスポーツの特徴にマッチした認知情報処理能力の強化，例えば視覚機能のトレーニングなどが重要になることが強調されている．このように認知工学は，人間とコンピュータとの関わりにおいてのみではなく，我々の日常生活のあらゆる場面において活用の可能性が無限に広がっている．人間工学，ヒューマン・インタフェイスに固有のテクノロジーは少ないが，（認知的）人間工学（cognitive ergonomics，cognitive human factors）やヒューマン・インタフェイスの関連分野として，認知工学の役割は今後ますます重要になってくるものと思われる．

6.2　認知工学の応用事例 1

　まず，メンタル・モデルを考慮した設計の必要性について述べることにする．メンタル・モデルとは，課題解決の状況において，課題を解決しようとする人間が自身の頭の中に構築するモデルのことであり，Johnson-Laird（1989）[76]によって提唱された．図6.3にメンタル・モデルの概念を示す．あるシステムのユーザは，これに対して自分自身のメンタル・モデルをもち，このシステムによってこのようなことやあのようなことが可能になると考える．一方，システムの設計者は，自分が設計したシステムによって，ユーザがこういう利点を得て，ああいったことが容易にできるようになると考えながら，製品やシステムを設計していく．これを概念モデルと呼ぶ．そして，設計者は自分の設計したシステムが思った通りのシステムとしてのイメージを生み出し，結果としてユーザのメンタル・モデルと設計者の概念モデルがマッチングするように心がけねばならない．システムや製品とユーザの間部分すなわちインタフェイスの部分は，ユーザとシステムまたは製品の情報交換の場としてのみではなく，設計者の概念モデルをユーザ側に伝えるための場としても重要な役割を果たす．一言でいえば，ユーザのもつメンタル・モデルと設計者のもつ概念モデルがオーバーラップする部分が多いほどそのシステムや製品はユーザにとって優れたものであると考えられる．

　不適切なデザインの例について指摘し，認知工学での設計の原則について簡単にまとめてみる．設計者の設計失敗の例を図6.4に示す．(a)のような配置では，どのつまみとガスレンジが対応しているか

がよくわからない．これを図(b)，または(c)のようにすれば，対応関係がわかりやすくなる．Norman
(1988)[1]の提案した設計のための原則を以下に示す．

(1)　外界の知識と頭の中にある知識の両方を利用できるようにする．

両者を有効に利用することによって，我々が頭の中に取り込むべき知識の量（情報量）を減らすことができる．

(2)　作業の構造を単純化する．

設計によって，人間が行うべき課題は変わってくる．人間の認知情報処理の能力には限界があるため（例えば，短期記憶や長期記憶における限界や注意の容量の限界など），作業の構造をできるだけ単純にして人間の認知情報処理能力を越えた問題解決などが必要でないようにすべきである．

(3)　対象を目に見えるようにしておく．

可視性に対して十分に注意を払って，ユーザがシステムや製品の状態とそこでどのような行為を取

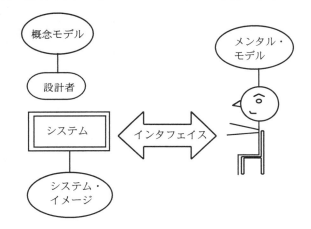

図6.3　メンタル・モデル，概念モデル，システム・イメージ

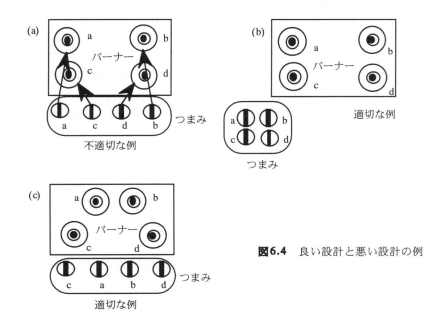

図6.4　良い設計と悪い設計の例

り得るかを知ることができるようにする.

(4)　正しい対応づけをする.

図6.4で示したように,行為と結果,操作とその効果,システム状態と目に見えるものの間の対応関係が確実にとれるようにする.

(5)　フィードバック

ユーザが行為の結果に関する完全なフィードバックを常に得ることができるようにする.

(6)　アフォーダンスを利用する.

アフォーダンス（affordance）とは,事物の知覚された特徴あるいは現実の特徴,特にそれをどのように使うことができるかを決定する最も基本的な特徴を意味する.著名な知覚心理学者であるJ.J.Gibsonがアフォーダンスの理論体系を作り上げた（詳細に関しては,佐々木（1994）[77],J.J.Gibson（1979）[78]を参照）.アフォーダンスがうまく利用されていれば,何をしたらよいかちょっと見ただけでわかる.例えば,ドアの取っ手の場合,手前に引くことが難しい形をしていれば,自然とこのドアは押すのだなということがわかる.また,ドアに水平で平らな棒がついていれば,このドアは押すのだということがわかる.さらに,自動車の設計でもアフォーダンスは考慮されている.ブレーキペダルはアクセルペダルよりも横幅を大きくして,急ブレーキを踏むときにもアクセルペダルと間違えないように設計してある.また,ハンドルも左へ回せば車は左へ,右へ回せば車は右へ動くようにアフォードされている.操作方法とその意味づけがうまく対応（アフォード）しているものと,していないものでは,使いやすさが大きく違ってくる.

(7)　エラーに備えた設計をしておく.

エラーは必ず生じると考えて,それに備えたデザインを心がける.すなわち,ユーザが何らかの誤動作を起こしても,エラーを起こす前の状態などに容易に復帰できるようにする.また,どうしても強制終了できないような状態には,できる限りユーザが到達しないようにしておくべきである.

(8)　以上のすべてをうまく機能させられない場合には,標準化する.

設計の際に恣意的な対応づけをせざるを得ない場合には,ユーザの行為,結果,システム配置などを標準化して,1回の学習で標準化したものを利用できるようにする.ただし,標準化されたルールが一貫して守られるようでなければならない.

6.3　認知工学の応用事例 2

プレゼンテーションにおける認知心理学的原則を説明し,認知工学的な考え方がいかに重要であるかを示す.表現においては文字の形,大きさ（6.5を参照）,レイアウト,文字種（例えば,大文字と小文字の混合や仮名と漢字の混合など）の混合比率などを考慮して,読みやすさ,見たときの感じをよくする工夫が必要である.また,数値はグラフ化し,「もの」の属性,関係（時間関係,階層関係,位置関係など）などは視覚化することによって見やすさを高めることができる.視覚化とは,パターンとしての情報が脳内でイメージ化された表象として処理されることを意味する.視覚化によって文字情報は命題表象として,イメージ情報はイメージ表象として表現される.視覚化による情報伝達を司っている人間の基本的な認知情報処理システムはパターン認識過程（第 5 章を参照）である.人間の優れたパターン認識システムによって,我々は間違った漢字でも理解でき,相当に乱れた字でも判読可能である.視覚化の結果としての絵と文章の違いを図6.5に示すが,これより視覚化の効果は

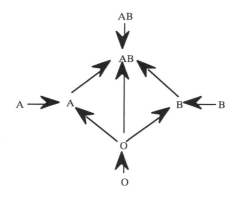

「AB型の人はAB型にしか輸血できない」
「O型はすべての血液型に輸血できる」
「A型はA型とAB型に輸血可能である」
「B型の人はB型とAB型に輸血可能である」

　　輸血関係の視覚的表現　　　　　　　　　　　　　　輸血関係の文章的表現

図6.5　視覚化の結果としての絵と文章の違い

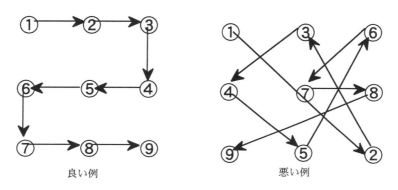

　　　　　良い例　　　　　　　　　　　　　　悪い例

図6.6　プレゼンテーションにおける良い例と悪い例

一目瞭然である．

　人間の視野の特性を考慮すれば，見やすくするためには，一般に視角は，最小でも0.45°が望ましいとされている（海保（1995）[79]）．また，本の版面率（＝版面/版型）は60％程度がよいと考えられている．見た目の良さも大切で，適度の余白を設け，まとまりを作り，安定した構図にすればよい．プレゼンテーションを印象づけるためには，人間の視野の特性や眼球運動の特性を考慮する必要がある．中心視ではその時点で必要となる細かい情報を抽出し，周辺視では大まかな情報を抽出し，次にどこに注意を向けるかを探っている．また，難しい表示や興味のあるものに対しては，眼球運動の停留時間も長くなる．そこで，図6.6に示したように不要な眼の動きを避けて安定した眼球運動を可能にして，眼の移動距離が短くなるような表示が必要不可欠になるものと思われる．また，大切な部分や強調したい部分の停留時間が長くなるような工夫が必要である．まとまりを形成するためには図6.7に示すように近いもの（近接性），似たもの，連続性閉合性，対称性を利用する必要がある．さらには，階層構造を利用することによってわかりやすさが増す．

　次にわかりやすい表現について考えてみたい．同じ説明でもよくわかる人とわからない人がいて，また，自身である説明がわかったかどうかを知ることができるため，「わかる」とか「わからない」というのはあくまでも主観的なものである．自身で自身の認知のプロセス（頭の働き）を知ることは

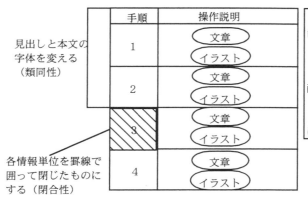

図6.7　プレゼンテーションにおけるまとまりの利用

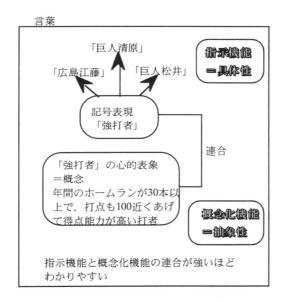

図6.8　言葉の指示機能と概念化機能の関係

メタ認知と呼ばれるが，わかりやすさは，個々人のメタ認知の能力によって左右される．また，同じ「わかった」という言葉にも，「当たり前」と感じる場合と「なるほど勉強になった」と感じる場合があり，様々である．「わからせる（理解させる）」とは，短期記憶や長期記憶に貯蔵されている知識との関係づけを行わせることであり，これが容易なほどわかりやすいことを意味する．わかりやすさのためには，具体性と同型の２つが必須になる．具体的であるから必ずしもわかりやすいとは限らない．例えば，知識があまりない人を対象とした場合や知識が豊富な人に詳細な情報を伝えたい場合には具体性は効果があるが，知識があまりない人に概略を伝える場合には具体性が障害になる場合があることに留意せねばならない．ここで，具体性とわかりやすさの関係について検討してみたい．図6.8に具体性とわかりやすさの関係を示す．例えば「野球の強打者」という言葉には，特定の打者をさす具体性と強打者の一般的な特徴（概念）（例えば年間のホームランが30本以上で，打点も100近くあげて得点能力が高い打者）を表す２つの側面が存在する．具体性に関しては，「広島東洋カープ江藤」，「読売ジャイアンツ清原」，「読売ジャイアンツ松井」など特定の打者をさすための指示機能

を有する．野球をほとんど知らない方にとっては，以上の 3 人の名前から導かれる概念を得ることは難しい．さらに，少々クイズ的になるが次のような指示機能から共通の概念を見いだすことができるか試していただきたい．(a)「東京」，「大分」，「大阪」，「鳥取」．(b)「東京」，「大阪」，「神奈川」，「北海道」，「愛知」，「福岡」．(b)に関しては共通の概念は，我が国の中でも人口の多い都道府県ということは容易に理解できるだろう．一方，(a)に関しては，共通の概念は「都道府県名を仮名読みした場合に同じ仮名が 2 つ現れる都道府県の集合」であるが，この概念を指示機能から導くのは容易なことではない．言葉の意味がわかりやすいとは，指示機能と概念が一体化していなければならないことがわかる．すなわち，指示機能からそれらに共通の概念を容易に導くことができ，逆に概念から具体的な指示機能を容易に導くことができる必要がある．同型とは，2 つのものが構造として同じで，2 つの関係の間の照合（マッピング）がしやすくなることを表す．例えば，図6.9に示すプレゼンテーションの例は，同型であるとはいえないので，見る人にとってわかりにくい．また，プレゼンテーションにおいては，大きさの同型を保つことも大切である．例えば，大人と子供の図を描いたり，自転車とトラックの図を描いてプレゼンテーションする場合には，実際に大きいほうを大きく描

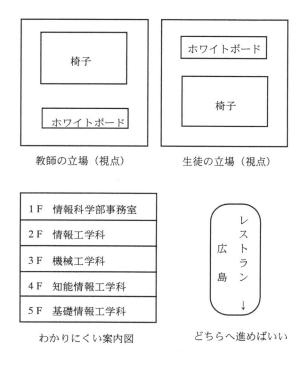

GHI町へ行くには左折するのか直進するのか
迷ってしまうような道路案内をよく見かける

図6.9 同型を考えてないためにわかりにくい例

いたほうが望ましい．第 5 章でも述べたように記憶には大きく分けて感覚情報記憶，短期記憶，長期記憶の 3 つが存在する．記憶とはただ単に覚えるだけの機能をさすのではなく，記銘（符号化），保存（貯蔵），想起（検索）の 3 つのプロセスからなると考えられている．学会でのプレゼンテーションにおいては，専門家の集合といえども，聞き慣れない専門用語などが現れることがしばしばある（ひょっとするとこれは著者の勉強不足で，優秀な方はそのようなことはほとんどないかも知れないが）．そのような場合には，聞き手の記憶を助ける表現が必要になってくる．リハーサルによって情報が長期記憶へ転送される．リハーサルには大きく分けて，維持リハーサルと精緻化リハーサルの 2 つが存在する．維持リハーサルとは，短期記憶に情報を保持するためのもので，これによって長期記憶へ情報が転送されることはほとんどないと考えられている．精緻化リハーサルは，長期記憶へ情報を転送するためのものであり，リハーサルのほかに体制化（例えば物語連鎖法やイメージ化）によって記憶の増強が可能になる．精緻化リハーサルによって，検索の手掛かりを豊富に与えることができる．また，短期記憶においては，チャンク化によって記憶可能な情報量が増加することを述べた．覚えやすい表現を実施するためには，精緻化リハーサルを行いやすいように視覚化などによって情報を付加したり，チャンク化することが必要不可欠であろう．また，体制化の手法のイメージ化のところでも述べたように，対にすることによってイメージがわきやすくなる．例えば，アイコン 1 つをとっても絵のみで表示するよりも絵と言葉をペアーにしたほうがイメージ化が容易になり，長期記憶への情報転送が促進されることになる．

6.4　認知工学の応用事例 3

　人間－コンピュータ系では，システム設計者の概念モデルとユーザのメンタル・モデルのギャップが，できる限り小さくなるようなシステム設計が望ましいことは，既に述べた．Card ら（1983）[80]の認知情報処理モデルなどに基づくことによって，人間とコンピュータのインタフェイスにおける人間行動の大まかな予測が可能になり，システムの評価に役立てることができるだろう．また，Rasmussen（1986）[69]の 3 つの認知的階層に基づく人間行動の予測モデル（詳細に関しては第 8 章を参照）によって，人間－コンピュータ系におけるエラーの分析を行うことが可能になる．Norman の設計原則のところで述べたようなわかりやすいインタフェイス設計のためには，人間の知識ベースとルールベースの行動の把握が必要不可欠になる．また，使えるインタフェイス設計のためには，ルールベースとスキルベースの行動の把握が必要不可欠になる．ここでいう使えるインタフェイスとは，わかりやすいインタフェイスよりもより低次のレベルをさし，ユーザの能力を拡大してくれるような道具としてとらえたシステムをさす．認知情報処理過程で必要になる問題解決過程，メタ認知過程の分析によるエラーの防止，学習に伴う学習特性の変遷の分析，システム使用時のユーザの行動の認知過程をプロトコル分析により明らかにするなどによってよりよいインタフェイス作りに役立てることができる．以上のことを図6.10にまとめておく．

　これからのインタフェイスでは，発想支援，グループウェア（第11章を参照），学習支援，コンピュータへの入出力支援，さらにはわかりやすくてかつ使いやすいシステムの設計などが中心的課題になってくると思われる．わかりやすくて使いやすいシステムの設計のためには，前述のNormanの設計原則などを適用することができるだろう．第 2 章の入力装置，表示装置におけるインタフェイスのところでも述べたようにコンピュータの入出力支援では，音声入力，音声出力，3Dマウスによる入力

など従来のキーボード，マウス，CRTによる入出力の欠点を補う入出力支援システムの出現によってインタフェイスを改良できる．従来のマウスによる入力指示に，ユーザがポイント（指示）しようとしているターゲットを予測するシステムを付加することによってパフォーマンスが高まることが指摘されている（Murata(1995)[81]）．また，近年は，第2章でも述べたように入力システムとしてアイマークレコーダなどの原理を応用した視線入力システムが開発され，音声やキー，マウスでコンピュータへの入力をしにくい身障者のためのインタフェイスとして，その早期の実用化が望まれている．また，手腕系障害者のために使いやすい入力システム，例えば音声入力システムがインタフェイスの手段としてその役割を確立し，1日も速く実用化されることが望まれる．現段階では，音声入力システムに関してはどのような形態で人間－コンピュータ系に組み入れていくべきかに関する指針は得られておらず，有効な利用形態が望まれるところである（例えば，本書の第2章や村田（1995）[20]を参照）．

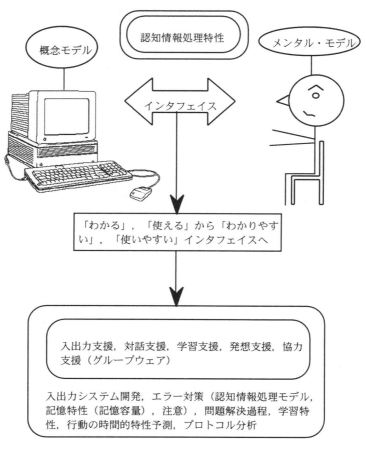

図6.10　認知工学の手法とその応用分野

6.5　認知工学の応用事例 4[75)]

　表示装置は，人間の感覚器官，特に視覚系に情報を伝送するものである．表示装置の設計では，誤読が重大なヒューマン・エラーに結び付く可能性があるため，感覚・知覚系をはじめとする人間の認知情報処理特性を考慮した読みやすい，エラーのできるだけないようなインタフェイス設計が重要になる．表示装置の設計は，これまでに人間工学の分野で非常に多くの研究が行われ，種々の成果が得られているが，ここでは認知工学の重要な応用事例として，表示装置のヒューマン・インタフェイス設計を取り上げる．表示装置は，大まかには表6.1のように3つのタイプに分類される．カウンタ型の計器は，可読性は高いが，変化の検出が難しいという特性を有する．固定指針付き可動目盛りは，変化が検出しやすく，目標値への調節・制御もしやすい．固定目盛り付き可動指針は，可読性，変化の検出，目標値への調節・制御ともに可もなく不可もないタイプである．

　量的な表示を行う計器には，円形，半円形，垂直形，水平形，開窓形などがある．これらの表示装

表6.1　表示装置の分類とその特徴

計器の タイプ	固定目盛り付き可動指針	固定指針付き可動目盛り	カウンタ
読みやすさ	可	可	非常に良い
変化の検出	非常に良い	可	劣
目標値への 調節・制御	非常に良い	可	可

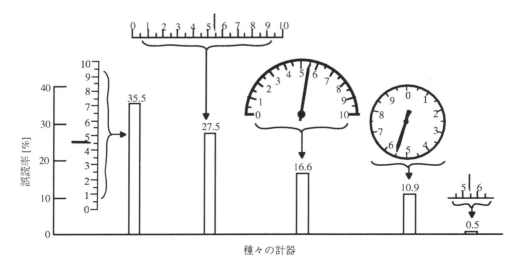

図6.11　量的表示を行う種々のタイプの表示装置のエラー特性

置の読み取りにおけるエラーを比較した結果を図6.11に示す．垂直型の表示装置の誤読率が最も高く，開窓型の誤読率が最も低いことがわかる．垂直型よりも水平型のほうが誤読率が低いのは，人間の眼球運動の特性として垂直方向よりも水平方向に眼球が迅速に運動可能なためであると考えられる．

　質的な表示を行う場合について考えてみる．質的な表示においては，量的変化の意味，例えば寒い，暑い，適正の3つの状態や異常，警戒，適正の3つの状態などを人間に正しく知らせることが目的である．このためには，量的表示とは異なる表示方法が必要である．表6.1でも示されているように，カウンタ型や開窓型の計器は，変化の検出力が低いため，質的表示には不適切である．質的表示の例を図6.12に示す．質的表示では，一般に円形または半円形が用いられており，各カテゴリー，例えば異常，警戒，適正の3つを色分けすれば，より有効に質的表示を行うことができる．点検用の表示装置においても，正常状態からずれているかどうかを作業者が認知しなければならないので，質的表示と同様に色を利用してそのずれを明確に知らせることが有効になる．これを示唆する実験データを図6.13に示す．この図は，3つのタイプの表示装置の認知時間を比較した結果を示している．危険域に表示がない場合よりもある場合のほうが，また危険域をただ単に表示する場合よりも危険域に針が入った場合にその部分が赤くなるようにしたほうが認知時間は短くなり，(c)の表示が最も適切であることがわかる．

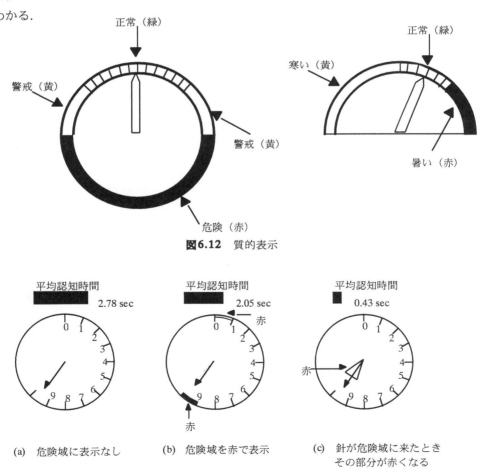

図6.12　質的表示

(a)　危険域に表示なし　　(b)　危険域を赤で表示　　(c)　針が危険域に来たとき
　　　　　　　　　　　　　　　　　　　　　　　　　　　　　　その部分が赤くなる

図6.13　危険域の表示方法と認知時間の関係

　点検用の表示装置は複数個が同時に配置されている場合が多い．したがって，その配置には十分な配慮を行わないと，重大なエラーにつながる可能性がある．図6.14に計器配列の良い例と悪い例を示す．危険域に入った場合の警告の位置を(a)のように統一しておくことが見やすさにつながる．また，危険域表示を行わない複数の計器の配置では，図6.15(a)に示すように指針の向きを統一しておいたほうが読みやすくなる．また，図6.16に示すように計器の目盛りと数値の関係を考慮した設計も必要になる．(a)のように設計された表示装置では，値の読み取りに苦労することになる．

　表示装置の目盛りの設計指針を以下にまとめておく．

　1．目盛りの高さ，厚さ，距離を考慮する．

　2．目盛りは，要求される精度よりも小さく分割する．また，質的な情報は簡単で読み誤りが少なくなるようにする．

　3．読み取りを多段階にしてはいけない．もしこれが避けられない場合には，倍率は×10または×100のようにできるだけ簡単にする．

　4．目盛りの細分化は，1/2から1/5までにする．

　5．あまり多くの数値をスケール上に付けないようにする．

　6．図6.16に示したように指示針の先が，数値の読み取りを妨げてはならない．

　7．指示針はできる限り目盛りと同じ面内になるようにする．

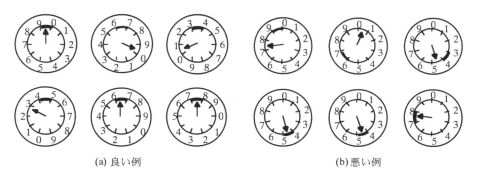

(a) 良い例　　　　　　　　　　　　(b) 悪い例

図6.14　表示装置の配置における良い例と悪い例-1-

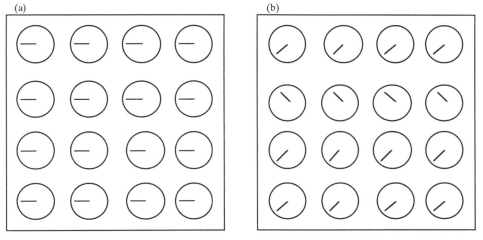

図6.15　表示装置の配置における良い例と悪い例-2-

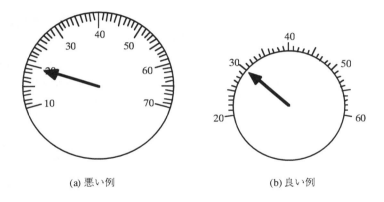

(a) 悪い例　　　　　　　　　　(b) 良い例

図6.16　表示装置の目盛りと数値の配列における良い例と悪い例

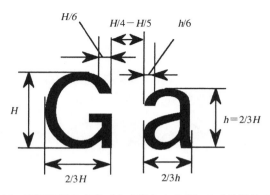

図6.17　表示装置の文字（大文字と小文字）の寸法設計の概略

表6.2　視距離に応じた小文字または数字の高さの基準

視距離(mm)	小文字または数字の高さ(mm)
500まで	2.5
501〜900	5.0
901〜1800	9.0
1801〜3600	18.0
3601〜6000	30.0

　次に，表示装置の文字や数字の大きさの設計基準について述べていくことにする．文字または数字の高さHは視距離(mm)／200で与えられる．表6.2に視距離に応じた小文字または数字の高さの基準を示しておく．図6.17に表示装置の文字（大文字と小文字）の寸法設計の概略を示しておく．

　最後に，ポピュレーション・ステレオタイプ（population stereotype）に関連づけて表示装置とコントロール装置の組み合わせについて検討しておく．表示装置の値もしくは指示針の動きとレバーやダイアルなどのコントロール装置（スイッチ）の関係を十分に考慮した設計は非常に重要である．指示針がコントロール・スイッチよりも速く動く場合には，大まかな調整は容易である．　一方，厳密な調

整には，コントロール・スイッチは指示針よりも速く動かねばならない．色々な状況が存在するため，個別に両者の動きの最適な比率，すなわちC／D比（第2章参照）を設定していく必要がある．普段乗り慣れない車を運転していても，ハンドルを時計方向に回せば，車は右に曲がることは誰しもが知っている．同様に，コントロール・ノブを右に回せば表示装置の指示針が右に移動すると考えることは，一般に合理的である．これがポピュレーション・ステレオタイプと呼ばれるもので，社会集団においてスイッチなどの操作で一定の法則が形成されることをさす．しかしながら，国ごとにポピュレーション・ステレオタイプが異なることがあるため，注意が必要である．例えば，イギリスでは電気をつけるときのトグル・スイッチの操作は下向きがオンであるが，アメリカでは上向きがオンになる．ポピュレーション・ステレオタイプの国別の違いは，例えばCourtney（1994）[82]に詳しくまとめられている．図6.18に，コントロール・スイッチと指示針の動きの論理的な関係をまとめておく．これらの関係は，我々が有するポピュレーション・ステレオタイプに一致した動きをするように設計せねばならない．例えば，コントロール・スイッチが右に移動するか右向きに回転する場合には，水平方向の表示装置のポインタは右に移動，円形の表示装置のポインタは右に回転，垂直方向の表示装置のポインタは上に移動するように設計せねばならない．図6.19に，望ましい表示と操作の方向の関係をまとめておく．このような関係を考慮した設計は，監視を容易にし，読み誤りによる混乱やエラーの危険

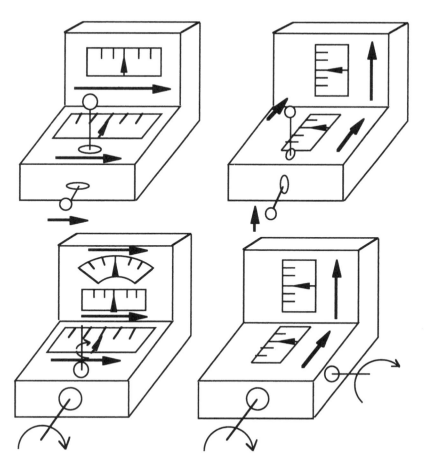

図6.18　コントロール装置と指示針の動きの論理的な関係

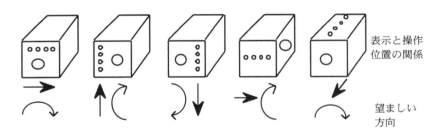

図6.19 表示と操作方向の間の望ましい関係

性を減少させることができる．コントロール・パネルの設計原理を以下に整理しておく．

1．表示装置に対する影響が大きいスイッチは，可能な限りその近くに配置する．

2．コントロール・スイッチと表示装置は別々のパネルに配置する．

3．識別名すなわち何をするものであるかをコントロール・スイッチおよび表示装置に付ける．

4．いくつかのコントロール・スイッチが普通の状態では順番に操作される場合には，これらのスイッチと対応する表示装置は，パネル上で左から右に配置する必要がある．

5．前述の4のようにコントロール・スイッチが規則正しい順番で操作されない場合には，コントロール・スイッチと対応する表示装置は機能グループ別に配置したほうがよい．例えば，色分け，ラベル付き，コントロール装置の大きさと形状を違える，もしくはグループ番号を付けることが望ましい．

6.6　認知工学の応用事例5

ここでは，認知工学的原則（cognitive engineering principles）を適用したシステム設計によってパフォーマンスが向上したことを示すGerhardt-Powals(1996)[83]の研究について概観してみる．これまでに，数多くのヒューマン・インタフェイス設計の原則が発表されているが，これらの原則を適用することでインタフェイスが改善されることを実際に示した研究はほとんど行われていない．まず，次のような10の認知工学的原則を適用したシステム設計が行われた．

1．不要な負担がユーザにかかる部分は，自動化する．

計算，推定，比較，不要な思考をユーザに行わせないようにして，これらの活動に認知的資源を費やす代わりに，より高水準の作業に認知的負荷を割り振るようにする．すなわち，ユーザが状況を判断してこれに基づいて意思決定を行うのではなく，この一連のプロセスをコンピュータが実行し，ユーザはコンピュータの実行結果をみるだけで行動できるようにする．

2．不確実な部分は極力減らすようにする．

データを簡潔かつ明確に表示して，意思決定に要する時間が短くなるようにし，エラーも減少させるようにする．不確実性は，警告メッセージやカラーコーディングによって減らすことができる．原則1に関連して，コンピュータが計算した結果をカラー付きのメッセージにして，ユーザが容易に意思決定・行動へと移れるようにする．

3．データを要領よくまとめる．

低水準のデータ群を高水準のデータとして一箇所にまとめて，ユーザの認知的負担を減少させる．

意思決定に必要なデータ（情報）を数箇所に点在させるのではなく，一箇所にまとめて，判断しやすくし，かつ原則 2 を併用した意思決定用のメッセージによりユーザの認知的負担はかなり減少する．

　4．新しい情報を効果的に提示して，解釈しやすくする．

　新しい情報を図表，たとえ，日常用語などのなじみの深い枠組み内で提示し，ユーザの理解を助ける．原則 2 に関連して，意思決定用のシステムの状態を示すメッセージを表示する場合に，ある基準を満たしており，行動可能な場合には，例えばグリーンで，行動が不可能な場合には赤で表示するようにする．

　5．機能と概念的に関連した名称を使用する．

　表示する名称とラベルは文脈依存的にし，再生や再認が容易になるようにせねばならない．すなわち，表示する情報には必ず適切な名称やラベルを付けてユーザが理解しやすくなるようにしなければならない．

　6．一貫性がありかつ意味のある方法でデータをグループ化する．

　画面内では，論理的かつ一貫性をもたせてデータをグループ化すべきである．これによって，情報検索時間が減少する．例えば，ここで取り上げているシステム設計の例では，自身の潜水艦に関する情報，ターゲットとなる潜水艦に関する情報，発射に関する情報のように意味のあるグループ化を行う．

　7．生データを統合化して解釈する代わりに，カラーやグラフィックスなどを用いて，そのための時間を短縮させる．

　原則 2 と 4 に関連して，生データを読まなくてもいいように，生データから得られる情報をカラー付きの警告メッセージとして表示する．カラー付きの警告メッセージの代わりにグラフィックスとメッセージを併用してもよい．

　8．ユーザが必要な情報のみをリアルタイムに表示する．例えば，自身の潜水艦に関する情報と発射情報の 2 つに関しては，不要なときには表示せず，必要なときにのみタイムリーに表示する．

　9．データを多重にコード化する．

　例えば，同一のデータを生データ＋カラーと警告メッセージの 2 つの形でユーザに提示する．

　10．思慮分別をもって冗長性をもたせる（6 と 8 の矛盾を解消するための原則）．

　必要とされる以上の情報を表示することも時には必要である．すなわち，重要な情報の場合には，重複した冗長な表示をすることも認められる．また，本当に重要な情報は中央に表示する．

　ここでは，以下の方法で実験が行われた．まず，インタフェイスのタイプとして認知工学的原則に基づいて設計されたインタフェイスとその他のインタフェイス 2 種類（baseline と alternate）の計 3 水準，タスクの種類 2 水準（自身の潜水艦に関するタスク，発射に関するタスク）などの要因を取り上げて，これらがパフォーマンス（作業時間と作業のエラー率）にどのように影響するかを調べた．また，それぞれの実験条件での作業負担を NASA-TLX（第 9 章を参照）によって調べ，さらには被験者のそれぞれの実験条件に対する好みも明らかにした．認知工学的に設計されたシステムの作業負担は，他よりも軽く，被験者も認知工学的に設計されたシステムを好む傾向が認められた．さらに，図6.20 に示すように認知工学的に設計されたシステムでの作業時間が最も短くなることが明らかになった．以上の結果より，認知工学的原則を用いたインタフェイス設計の有用性が確認され，認知工学的な知見を活用したガイドラインの有用性が確認された．

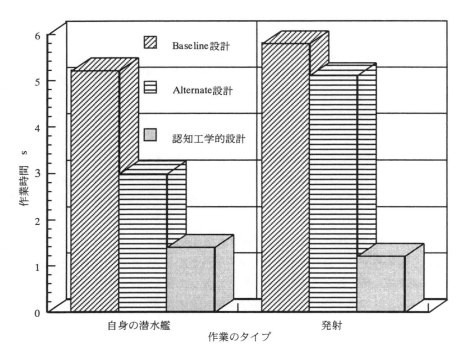

図6.20 3つのシステム設計における作業時間の比較

第7章　VDT作業におけるインタフェイス

　本章では，まずVDT作業の特徴とその問題点を明らかにし，照明条件，VDTの光学的特性について述べ，いかなる条件や特性が望ましいかについて検討を加える．そして，VDT作業にとって最適な椅子，机，VDTワークステーションの設計方法について言及する．最後に，VDT作業評価のためのガイドラインについて触れる．

7.1　VDT作業の特徴

　VDT（Visual Display Terminal）とは，コンピュータとの入出力を行うための端末装置の意味であるが，パソコンやワークステーションなどのコンピュータ本体や周辺機器も含めてVDTと呼ばれる場合が多い．VDTを用いた労働形態が職場にどんどん普及し，家庭でもVDTは必要不可欠なものになってきたが，これは肉体労働や作業とは異なる作業負担の様相を呈する．VDT作業における負担の特徴は，強い視覚負担，軽微な作業でありながら頚・肩・腕に大きな負担が生じること，大量の情報処理を行わねばならないため労働条件が非常に過密になり，精神神経系への障害が生じる点の3つである．目・視覚系の症状としては，以下のものを挙げることができる．

(1) 目が疲れる，痛い，あつい，ちくちくするなどの目およびその周辺部の違和感，不快感．

(2) 視力の低下，ものが二重に見える，像がぼけるなどの視覚異常．

(3) 白内障（水晶体の混濁）のような目の器質的な障害．

　VDT画面の表示特性やその周りの視野内の明るさは，視覚系の疲労と密接に関連している．例えば，読みにくい文字，画面の反射・グレアは，目の疲れや眼精疲労の原因となる．VDT画面の視覚的負荷要因には次のようなものがある．

- ・走査線の数と線の間隔
- ・蛍光体のスペクトル特性
- ・輝度の変化の程度
- ・文字あたりのドット数とドット間隔
- ・文字と背景の輝度比（輝度コントラスト）
- ・ドットの輝度の変化
- ・文字の輪郭の明瞭度
- ・文字の大きさと形
- ・スクリーンの反射
- ・文字の間隔と行間隔
- ・スクリーンの大きさ

・陰画もしくは陽画表示

　頚肩腕障害とは，上肢を同一肢位に保持したまま反復使用することによって筋肉疲労を生じる結果として誘発される機能的あるいは器質的な障害である．長時間VDT作業を継続すると頚，肩，腕，背中，手首，手指などにこの障害が生じることが数多く報告されている．VDT作業では，作業姿勢が拘束されることも頚肩腕障害の原因と考えられている．VDT作業では，各人の作業が細分化され，他の作業者との共同作業の意識を持ちにくく，機械（コンピュータ）に使われる感じを受け，孤独感が助長される．また，データ入力などの単純なVDT作業においては緊張を持続させるためにはかなりの努力を要する．一般にVDT作業は，作業者に大量かつ過密な労働を課するため，作業者は作業のペースを自身で調節できず，コンピュータのペースで作業せざるを得ない．これらの点を背景として，精神・神経系の障害やテクノストレス症候群がもたらされる．以上のように，ヒューマン・インタフェイス設計においては，VDT作業の作業条件などを考慮することが非常に重要になることがわかる．

7.2　照明条件

　ここではまず，照度，輝度，反射率について定義しておく．蛍光灯では電気エネルギーを光に変換して，光束（単位：ルーメン(lm)）を生じる．光源から出た光は多くの方向に向かう．同じ1000lmの光が入射したとしても10m²と0.1m²の面積に入射する場合には様相が異なる．両者が同一の性質を有する面とすれば，面積が小さいほうが明るく感じる．1m²あたりに何lmの光が入射しているかによって，入射面の明るさを表現でき，これを照度と呼ぶ．照度の単位はlm/m²またはlx（ルクス）である．次に，同一照度で2つの面が照らされている場合を考える．同一照度で照らされている場合でも，物体の反射率が異なると2つの面の明るさは異なり，面の反射率が高いほうが明るく感じられる．このような明るさに対応した測度が輝度である．反射の方向特性が様々に変化する場合には，各方向ごとに輝度を測定する必要があるが，入射方向にかかわらず輝度が一定となる拡散反射面では，照度をx(lx)，面の反射率をρとすれば，輝度yは次式で与えられる．$y = \rho x / 3.141592$．輝度の単位は，cd/m²となる．例えば，机の面の反射率が70％で，入射光の照度が300lxならば，机の面の輝度は300・0.7／3.141592＝66.8cd/m²となる．

　照明システムには，直接照明と間接照明の2種類がある．光線の90％以上を対象に向けて円錐状に放射し，コントラストの強い影を生じさせる方式が直接照明である．間接照明とは，光線の90％以上を天井や壁に向かって照射し，その反射光で室内を照明する方式である．現在では，両方式を併用したものが多い．光源または反射面によるまぶしさ，すなわちグレア（glare）には，直接グレアと反射グレアの2種類がある．直接グレアとは，輝度の高い光源や照明器具が直接目に入ることにより，視機能が一時的に損なわれたり，不快さを伴ったりする場合である．視線の水平方向と光源のなす角度が45度以下の場合にグレアが生じることが知られており，照明環境の設計ではこれを考慮する必要がある．

　視覚的な快適さと高い作業能力を得るためには，適切な照度，空間的に均斉な照度，空間的に均斉な面輝度，光が適切でグレアがないことなどが必要である．オフィスの照明に関しては，必ずしも照度が高いほうがよいとは限らず，照度が1000lx以上になると，反射光もしくはグレアによって作業に支障が生じる場合がある．グレアの原因としては，窓，照明器具，机上のコントラストなどがある．VDT作業における水平面照度の推奨値を表7.1に示す．また，JIS Z 9110による照度基準を表7.2にまと

めておく.

　空間的に均斉な面輝度とはどのような条件を満たせばよいかについて考えてみる. 輝度のコントラスト表現Cとしては, 一般に$C=L_0-L_B/L_B$がよく用いられる. ここで, L_0は視標の輝度, L_Bは背景の輝度を表す. VDT作業の面輝度については次の原則が受け入れられている.

　　1.　視界内の大きな物体や広い面は, 明るさをできるだけ等しくする.
　　2.　視野中央部における面同士の輝度比は3：1を越えないようにする.
　　3.　視野の中心と周辺の輝度比は10：1を越えないようにする.
　　4.　作業領域は中心部を明るく, 周辺部を暗くする.
　　5.　視野の周辺域における面同士の輝度比は10：1を越えないようにする.
　　6.　強いコントラストがある場合には, 視野の上部よりも側部のほうでわずらわしく感じる.

図7.1に視野内の輝度コントラストの許容値をまとめておく. また, オフィス内の反射率は次の値が推奨される.

　天井：70%

　窓, ブラインド, カーテン：50%

　画面の後の壁：40〜50%

　画面に対向する壁：30〜40%

　床：20〜40%

　空間的に均斉な照度とは, どのような条件を満たせばよいかについて考えてみる. 目にとって障害となるのは, 静止面での明暗の差よりも視野内で明るい部分と暗い部分が周期的に変動する場合である. 明るい面と暗い面を交互に見る必要がある場合が, このような状況に該当する. 例えば, VDT作業では, 画面と書見台の間を1分あたり5〜7回の頻度で移動しているといわれている.

　ここでは, 適切な照明とはどのようなものかについて考えていく. 光源や照明の配置が不適切な場合には, ものが見えにくく, 不快なグレアが生じる. オフィス内のグレアを避けることは, 作業効率の向上につながる. VDT作業では, 画面の反射と反射から生じるグレアを避けるような照明環境の設計が必要不可欠である. すなわち, 画面の輝度と周辺の輝度の強いコントラストを避けること, および画面のわずらわしいグレアを除去または軽減することである. このためには, VDTの設置位置に注意せねばならない. 光源がVDTの背後にあれば反射グレアを, 作業者の前方にあれば直接グレアを生じる（図7.2.参照）. また, 照明器具とVDTの関係は以下の点を考慮して配置する必要がある. オフィスの窓は, 電灯と同じような働きをもつため, 作業者の前にある窓は直接グレアを生じさせ, 背後の

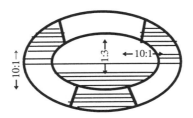

中心域内=3:1　周辺域内=10:1
中心域と周辺域=10:1

図7.1　視野内の輝度コントラスト許容値

表7.1 VDT作業における水平面照度の推奨値

労働条件	水平面照度 (lx)
良好な印刷の原簿を用いた会話型作業	300
可読性のある原簿を用いた会話型作業	400〜500
データ入力作業	500〜700

表7.2 JIS Z 9110による照度基準

照度 (lx)	作業	場所
3000〜1500	精密機械，電子部品の製造，設計，製図，印刷工業などでは細かい視作業，組立a，検査a，試験a，選別a	制御室などの計器盤，制御盤
1500〜750	繊維工業での選別，検査，植字，校正，化学工業での分析などの細かい作業，検査b，試験b，選別b	設計室，製図室
750〜300	一般の製造工程などでの普通の視作業，倉庫内の事務，組立c，検査c，試験c，選別c	制御室
300〜150	小物製品の包装などの視作業，包装b，荷造りa	電気室，空調機械室
150〜75	大きな製品の包装などの視作業	出入口，廊下，通路，作業を伴う倉庫，階段，洗面所，便所
75〜30		屋内非常階段，倉庫，屋外動力設備
30〜10		屋外（原材料などの設置，通路，構内警備）

窓は間接グレアを生じさせる．VDTは，窓に対して直角に配置しなければならない．図7.3にVDTの最適配置の例を示す．また，2面以上の窓があるオフィスでは，窓を遮蔽する必要がある．VDTに用いる照明器具は，水平方向に光線を出す光は避けたほうがよい．というのは，好タイプの照明器具は垂直な画面を照らして反射するからである．主として下方に向けて光を拡散するような原理を採用した照明器具が望ましい．図7.4に理想的な照明の例を示す．

7.3 VDTの光学的特性

印刷文書とVDT画面の光学的な特性の違いは以下の通りである．
・VDT画面では，文書の鮮明度が劣る場合が多い．
・VDT画面では，文字の輝度は一定ではなく，輝度が振動している．
・VDT画面では，文字と背景画面の輝度比が低い．

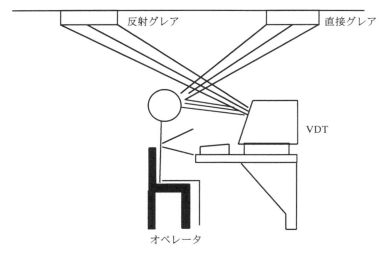

図7.2　直接グレアと反射グレア

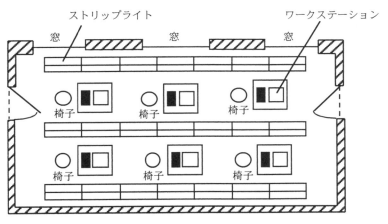

図7.3　VDTの最適配置の例

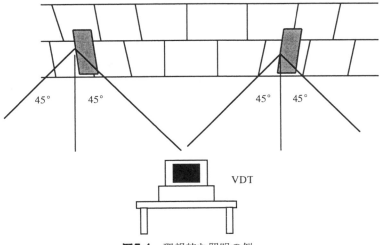

図7.4　理想的な照明の例

・VDT画面では，文字や書体の形態的なデザインが不十分な場合が多くある．

　鮮明度，コントラスト，文字デザインの不適切さは，目の調節力や調節の正確さを低下させ，作業のしにくさや目の疲労に直結する．以下では，VDTの光学的特性について検討していくことにする．VDTの振動度aは次式に従って計算される．

$$a=1/L_m \cdot \Sigma \ (A_n^2)^{1/2} \qquad (1)$$

　ここで，L_m：平均輝度

　A_n：フーリエ解析により得られる基調波と高調波の振幅

　n：1，2，・・・・・，20

例えば，図7.5に示したような振動波形に対して，振動度aを計算していく．VDTに対する振動度aの推奨値を表7.3に示す．結論からいえば，aの値が0.2より小さくなるようなVDTが望ましい．

　次に，文字の鮮明度について述べる．輪郭が鮮明な場合には，快適な可視性と効率のよい読み取りが保証されるが，不鮮明な文字だと読み取りの効率は低下し，快適な可視性は得られない．Brauningerら(1984)[84]は，図7.6に示すような文字の輪郭のぼやけ幅を測定する方法を開発し，ぼやけ幅に応じて文字の見やすさの人間工学的評価を表7.4のように実施した．人間の目の解像度は，60cmの視距離で約0.3mmあたりというデータから，ぼけ幅が0.3mmより小さい文字ほど輪郭がはっきり見えることになる．

　文字のコントラストについて検討する．VDT画面の文字の読みやすさは，文字画面と背景の輝度比によっても左右される．良質の用紙に印刷された文字と背景の輝度比が，普通10：1以上であれば適切と考えられている．Mourantら(1981)[85]は，VDT画面の輝度比は20：1がよいことを示した．Laubliら(1981)は，VDT作業者に作業をしやすいように輝度比を調節させた結果，2：1から31：1の輝度比が得られ，平均は9：1であった．Snyder(1980)[86]，Snyder(1984)[87]は，文字の鮮明度と文字のコントラストには負の相関があることを見いだした．鮮明度が低い場合には，コントラストを高くし，鮮明度が高い場合には，コントラストを低くすることによって，良好な可視性が得られる．

　文字の安定性について考える．文字の安定性の評価法がFellmannら(1982)[88]によって提案されている．文字の時間的不安定性Sは次式で与えられる．

$$S=(L_{max}-L_{min})/L_{max} \times 100\% \qquad (2)$$

　ここで，L_{max}：最大輝度

　　　　　L_{min}：最小輝度

文字の安定性に関する人間工学的評価の指針を表7.5に示す．一般に，Sは20％以下であることが望ましい．

　文字の大きさと形について検討していく．表示文字は，次のようなパラメータを有する：高さ，幅，高さと幅の比率，フォント，字間，行間．これらは，視的な快適さのみではなく，文字の読み取りやすさにも影響する．これらのパラメータの推奨値を表7.6に示す（第6.4節も参照のこと）．小文字の高さは，大文字の約70％，幅は大文字の約60％が推奨される．文字特に0（ぜろ）とO（おう）（著者が使用しているシステムでは区別しにくい），1（いち），l（える），I（あい）は区別しやすくせねばならない．文字の適切な大きさの範囲は，視角で16〜25'，すなわち50cmの視距離で約3mm，70cmの視距離で約4.3mmが望ましい．視角とは，$2\tan^{-1}(d/2D) \fallingdotseq 57.3d/D$で計算される．$d$と$D$は，それぞれ文字の大きさ（高さまたは幅）と視距離である．

表7.3 VDTに対する振動度*a*の推奨値

機種数	振動度*a*	人間工学的評価
8	0.02～0.08	振動度が低く，フリッカーの危険がない良好な条件
10	0.09～0.19	中程度の振動度で，フリッカーの危険が低い許容可能な条件
12	0.20～0.39	振動度が高く，フリッカーが生じ得る推奨できない条件
15	0.40～1.0	非常に高い振動度で，フリッカーが見え，耐えられない条件

表7.4 ぼやけ幅に応じた文字の見やすさの人間工学的評価

機種数	輪郭のぼやけ幅 r （mm）	人間工学的評価
5	0.10～0.29	文字のぼやけなし，鮮明度良好
17	0.30～0.39	輪郭のぼやけがわずかに見える，鮮明不満足
12	0.40～0.49	鮮明度不十分
7	＞0.50	輪郭のぼやけ幅が良好な機種の倍，受容不可

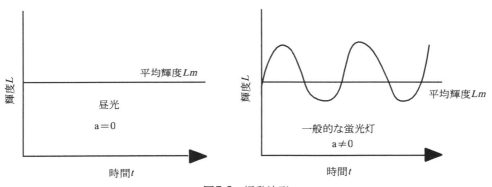

図7.5 振動波形

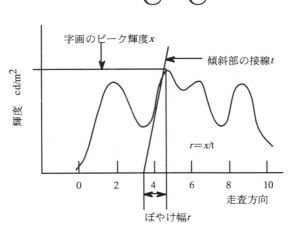

図7.6 文字の輪郭のぼやけ幅を測定する方法（Brauningerら(1984)[84]）

表7.5 文字の安定性の人間工学的評価

機種数	字画の最大輝からの偏差（%）	人間工学的評価
8	＜6	安定性は非常に良好
25	6〜20	安定性は十分で，変動はほとんど知覚できない
5	21〜40	安定性は不十分で，変動は不快に感じられる
8	＞40	全く許容できず，可読性は相当低下する

表7.6 表示文字の推奨値

50〜70cmの視距離に対して	推奨値
大文字の高さ	3〜4.3mm
大文字の幅	高さの75%
字画の太さ	高さの20%
字間	高さの25%
行間	4〜6mm（大文字の高さの100〜150%）

7.4　椅子，机，VDTワークステーションの設計

　VDT作業での長時間に及ぶ姿勢拘束においては，主として筋肉の静的活動が行われている．前述のように，これによって，筋の局所疲労と筋骨格系への障害が生じる．具体的には，次に示すような症状を誘発する可能性を秘めている．

- ・関節の炎症（関節炎）
- ・腱鞘の炎症（腱鞘炎）
- ・関節の慢性的変性による症候群（慢性関節症）
- ・椎間板の障害
- ・痛みのある筋硬結
- ・腱の付着部位の炎症

VDT作業用のコンピュータの最適な寸法に関する推奨値を表7.7に示す．例えば，頚と肩への痛みが多い場合には，机が高すぎることが原因となっている場合が多いとされている．また，膝と足への訴えが多い場合には，椅子が高すぎて，椅子の座面の前方に腰をかけなければならない場合が多い．図7.7に示すように，体幹の姿勢に応じて椎間板への負荷が異なることが明らかにされており（Occhipinti (1985)[89]），このことからも椅子，机，VDTワークステーションの人間工学的設計が重要であることがわかる．作業時の正常な視線について考えてみる．視線の範囲は，我々の頚と頭の姿勢と眼球運動特性によって決まってくる．正常な視線の上下15°以内であれば，無理なくスムーズな眼球運動を行うことができる．したがって，この範囲内にVDTを設置するように心掛けるべきである．これを整理した

表7.7　VDT用コンピュータの最適な寸法

キーボードの高さ	73〜85cm
VDT画面の高さ	78〜111cm
視距離	0〜7°
椅子の高さ	44〜52cm

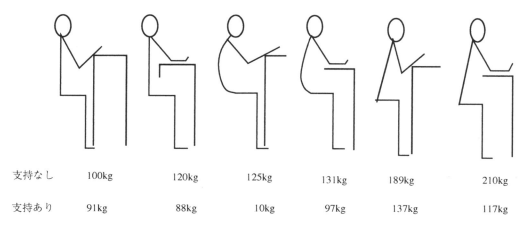

支持なし	100kg	120kg	125kg	131kg	189kg	210kg
支持あり	91kg	88kg	10kg	97kg	137kg	117kg

図7.7　上肢を支持させた場合とそうでない場合の体幹の姿勢と椎間板の負荷（被験者は体重70kg，身長170cmの男性，Occhipinti(1985)[89]）

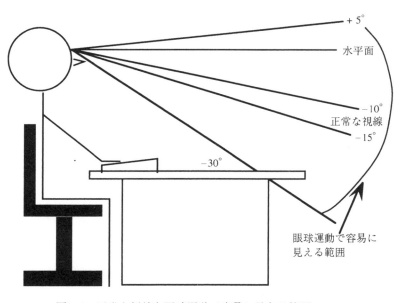

図7.8　正常な視線と眼球運動で容易に見える範囲

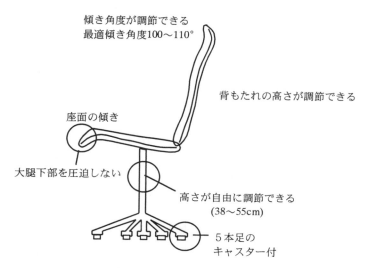

傾き角度が調節できる
最適傾き角度100～110°

背もたれの高さが調節できる

座面の傾き

大腿下部を圧迫しない

高さが自由に調節できる
(38～55cm)

5本足の
キャスター付

図7.9 使いやすい椅子の条件

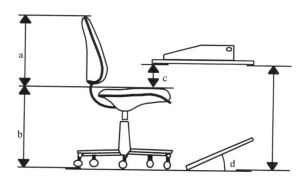

a　48～50 cm

b　38～54 cm

c　最小 17 cm

d　10～25°

図7.10 椅子と机の望ましい関係

ものを図7.8に示す.

　次に，作業用の椅子の人間工学的設計について考えることにする．椅子の設計における人間工学的条件は以下の通りである.

　1．体格や好みに応じて椅子の座面の高さを自由に調節でき，その調節幅は38～55cmであること.

　2．椅子の座面の傾きが，水平面に対して5～15°あること.

　3．キャスターが5本ついており，安定性が高いこと.

　4．椅子の背もたれは十分高く第3胸椎まであり，高さを調節できるものが望ましい．また，座面の傾きが自由に調節でき，その調節範囲は座面に対して100～110°であること．背もたれには適切な形状の腰パットがあること.

　5．椅子の座面の横幅は40～45cm，奥行きは38～42cmとすべきである.

　6．前かがみの姿勢と後ろにもたれる姿勢の両方を考慮して，どちらの場合にも腰部の脊柱が背もた

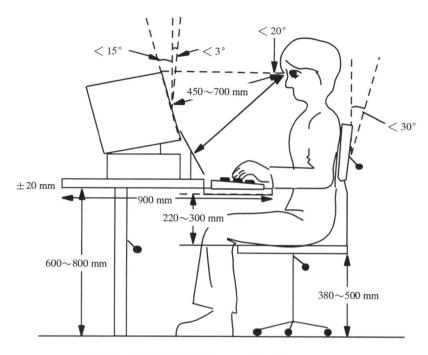

図7.11　VDT作業時の望ましい作業姿勢

れによって適切に支持できるようにせねばならない.

　7．背の低い作業者が座った場合にも，前述のような膝と足への訴えを極力抑えるために，足のせ台を設置すべきである.

　図7.9に，使いやすい椅子の条件をまとめておく．図7.10には，椅子と机の望ましい関係をまとめておく．また，キーボードの高さと作業机は次の条件を満たすことが望ましい.

　1．机の高さは，60〜85cmの範囲で調節できる.

　2．可能ならば，キーボードをのせる部分とVDT機器をのせる部分の高さが別々に調節できる.

　3．机上面は，少なくとも横幅1200mm，奥行き1000mmくらい必要である.

　4．机の下の足の空間は十分広く，作業の快適さを妨げない.

　5．キーボードの高さは，71〜87cmの範囲におさまるようにする．また，キーボードの中段のキーは，机上面から30mm，キーボードの前面の高さは20mm，傾斜角度は5〜15°，キートップ間の幅は17〜19mm，キーの押し下げ圧は400〜800mN，キーの押し下げ幅は3〜5mmであることが望ましい．VDT作業に必要なCRT画面，キーボード，文書類などの配置に関する望ましい条件は，以下の通りである.

　1．CRT画面の高さを調節でき，前後方向への画面の傾斜をつけることができるもの.

　2．CRT画面，キーボード，文書類は，視距離が等しくなるように配置すること．VDT作業時の望ましい作業姿勢を図7.11にまとめておく.

7.5　VDT作業評価のガイドライン

労働基準調査会から出版されているVDTチェッカー[90]に基づくガイドラインについて述べる．ここでは，以下の基準に基づく評価が行われる．

　1．画面の大きさ（14インチ以上）

　2．画面のちらつき

　3．画面は陽画表示が望ましい

　4．文字の鮮明度

　5．暗い背景では文字は黄または緑色

　6．画面上の文字は容易に識別できるか

　7．視距離60cmでの文字の大きさは，大文字の場合3.8から4.5mm，漢字の場合は4.4から6.5mm

　8．画面上の行間隔

　9．残像がない

　10．画面からの反射

　11．画面の緑の色は画面自体の色と著しく異なってはいけない．画面表示と枠の明るさの差

　12．画面の傾斜（上向きに20°，下向きに5°）

　13．画面の上下調節（370〜520mm）

　14．キーボードの分離

　15．キーボードは手を適度に支持できるか

　16．キーボードの安定性

　17．キーボードの高さ（＜30mm）

　18．キーボードの傾き（5〜10°）

　19．騒音が少ないこと

　20．キーボードの反射がないこと

　21．キーの大きさ（12〜15mm）

　22．キーの間隔（18〜20mm）

Bailey(1983)[91]によるエラーの少ないVDT作業のためのガイドラインを以下に示しておく．かっこ内の1から5までの数値はそれぞれのチェック項目に対する重みを表し，値が大きいほど重要であることを示す．

　A．CRTに関するガイドライン

　・視距離：目からスクリーンまでの距離は，16〜24インチで，12インチのところからでもユーザが画面を見れるようにしなければならない（5）．

　・オリエンテーション：CRTはユーザの通常の視線に対して垂直でなければならない（4）．

　・反射光：ディスプレイから出る回りの光反射を除くか，最小限にとどめるようにディスプレイを構成，配置する（4）．

　・ちらつき：CRT上には識別できるちらつきがあってはならない（4）．

　・CRTのコントラスト：暗い背景画面に明るい文字の場合には，CRTのコントラストは3：1から15：1の間でなければならない（実際には，6：1から10：1が望ましい）．明るい画面に暗い文字が映

される場合，画面の明るさは文字の明るさの少なくとも3倍でなければならない（3）．

　・CRTに隣接する面の明るさ：CRTに隣接する面の明るさは，CRTの明るさの10から100％の範囲でなければならない（1）．

　・ユーザのコントロール：ユーザがCRTの明るさやコントラストを部分的に調整できるようにしなければならない（2）．

　・カーソル：動揺のないカーソルでなければならない（5）．

　・文字の高さ：文字には少なくとも0.17インチの高さが必要である（4）．

　・文字の幅：文字幅は高さの70から85％の間でなければならない（3）．

　・ストローク幅：ストロークの縦：横の割合は8：1から10：1でなければならない（3）．

　・文字スペース：文字と文字の間隔は文字の高さの少なくとも18％でなければならない（3）．

　・行間：行間は文字の高さの少なくとも50％でなければならない（3）．

　・文字分解能：走査ラインの数／文字は最小10でなければならない（4）．

　・文字照明：文字は均一的に照明されなければならない（1）．

　・CRTのフォーマット：編集やエラー修正に関する情報はユーザが利用しやすい形で与えなければならない（3）．

　・CRTに表示される内容：CRTに表示する情報は，個々の作業に必要なものや要求された判断を下すのに必要なものに限るべきである（3）．

　B．キーボードに関するガイドライン

　・キーの大きさ：キーの頭は四角かやや丸みがかかったものにし，径を0.5インチ程度にすべきである（4）．

　・キーの表面：キーの表面は凹面で，眩しい光を放たないものでなければならない（2）．

　・キー配置のずれ：キー配置のずれは最小0.125インチ，最大0.187インチでなければならない（3）．

　・キー抵抗：抵抗は2から4オンスの範囲でなければならない（3）．

　・キーのラベリング：キーの記号はすり減らないようにエッチングを施し，対照的な色で文字を目立たせなければならない（1）．

　・キーの間隔：隣接するキーの間隔は0.25インチでなければならない（4）．

　・キーのマウント：水平運動を最小にするために，キーは安全で堅固にマウントしなければならない（2）．

　・キーボードの角度：キーボードの角度は平面に対して5から11°の角度でなければならない（1）．

　・キーボードの高さ：キーボードの中心部から床までの高さは30インチくらいがよい（3）．

　・機能（強調）：色彩調節によって種々のキーグループを機能的に強調すべきである（2）．

　・特殊キー：特殊キーとアルファベットや数字キーとの距離は1インチ以上離れてはいけない（3）．

C. 作業空間に関するガイドライン

・作業空間の幅：作業空間の幅は，少なくとも30インチ，奥行きは少なくとも20インチなければならない（1）.

・作業空間の高さ：作業空間の高さは床から30インチがよい（3）.

・アームレスト：作業者用のアームレストが必要（3）.

・足回りのスペース：足回りに障害物がないようにすべきである（2）.

D. 環境要因に関するガイドライン

・騒音の発生：VDT設置以前の周囲の騒音より大きくなってはならない.

・熱の発生：VDTが高熱を発し，ユーザに影響を及ぼしてはならない.

・周辺の明るさ：周辺の明るさは70から100lx必要である.

なお，JIS Z 8513-1994「人間工学－視覚表示装置を用いるオフィス作業－視覚表示装置の要求事項」に，VDT作業における人間工学的設計に関する事項が詳説されているので，参考にしていただきたい.

第8章 ヒューマン・エラー

本章ではヒューマン・インタフェイス設計におけるヒューマン・エラーの問題について検討を加える．まず，ヒューマン・エラーについて一般的な定義を行い，ヒューマン・エラーについて考えていく上で重要な種々のモデルについて説明し，エラーの原因や測定方法について述べる．最後に，ヒューマン・エラー防止のためのヒューマン・インタフェイス設計について明らかにしていく．

8.1 ヒューマン・エラーとは

我々人間は，必ずミスを犯す．我々が生きていく上では，エラーを避けて通ることができないが，エラーは極力少なくして，重大なミスや事故につながらないようにしていかなければならない．人間と機械（コンピュータ）のインタフェイス設計では，エラーを極力少なくするような配慮が必要である．人間－機械系の大規模化は着実に進み，これに伴ってフェールセーフやフールプルーフの機能や信頼性の管理技術も発展してきたが，人間そのものの信頼性に関しては，その定量化が難しく，ミスを予測することもできず，不確定な面が多い．したがって，人間側の信頼性を向上させることは非常に難しい．人間－機械系の信頼性を考えていく場合には，人間側の信頼性向上のためにどのような対策を講じていくかが重要になる．例えば，我々は種々の状況において行動する際に機械に比べて自由度が高いため臨機応変な対応が可能である反面，これがエラーを生じさせる場合がある．また，ヒューマン・エラーは，種々の要因が複雑に絡み合って発生する場合が多い．例えば，あわててしまったために，普段は少々読みにくいと感じているが読み落としすることはめったにない情報を読み落としてしまう場合がある．

ヒューマン・エラーとは，より一般的には「与えられた機能を人間が適切に遂行しないために生じるもので，人間－機械系全体の信頼性を低下させる」と定義できるが，明確な定義は難しい．ヒューマン・エラーは，次の4つに分類できる：(1) 与えられた機能を遂行しない，(2) 与えられた機能を誤って遂行する，(3) 与えられた機能は正しく遂行するが，不適切な順番もしくは不適切なときに行う，(4) 与えられていない機能を遂行する．また，認知情報処理の各段階，すなわち(1) 知覚段階，(2) 記憶・判断・思考・確認などの段階，(3) 操作・行動の段階でもエラーが生じるため，それぞれの段階に対してエラーを極力少なくするようなインタフェイス設計を心がけることが重要になる．また，ソフトウェア（コンピュータ・システム）の設計過程の各段階でもエラーを次のように分類できる：(1) 設計段階，(2) プログラミング（製造）段階，(3) 検査段階．

我々は，活動時にははっきりとした意識をもっているが，脳の活性度が高い場合でさえも常に意識的な行動を行っているわけではない．意識と無意識が交互に出現しており（おそらく中枢神経系の活性度が高い場合には無意識が出現する頻度は低いものと予測される），この無意識時にエラーを起こ

しやすい．例えば，筆者なども仕事を終えて帰宅する場合に，研究室の鍵を閉めて駐車場まで着いた後に，電器ポットの電源をオフにしたかどうかわからなくなり，研究室まで引き返して電器ポットを確認することがたまにある．電器ポットのスイッチを切るという操作は，半自動的なもので特別に意識しない限りは記憶に残ることは少ない．いつも帰宅の際には，「電器ポットの電源は必ず切る」と自分自身で言い聞かせ，「電源を切った」行為をはっきりと大脳に記憶させたつもりでも，この一連の操作が無意識のうちに行われて，「電源を切ったかどうか」がわからないケースが生じてしまう．また，ヒューマン・エラーが発生してもこれが直ちに事故に結び付くとは限らないが，これが後述のヒューマン・エラーの背後要因と結び付くことがあれば事故につながる可能性が高くなることを銘記しておかねばならない．すなわち，自動車を運転中に一瞬居眠りをしていて信号を無視しても，たまたまそこに車が通らなかった場合には事故につながらない．ヒューマン・エラーを事故に結び付けないためには，背後要因との関係をたちきることが重要である．また，我々は普段から集団として仕事を進めていく場合が多い．個々人がエラーを起こすことは防ぎようがないが，個々人のエラーを集団でカバーすることができるかどうかが重要である．個々人のエラーをカバーできるだけの能力を集団が有している，すなわち集団の指導力が優れている場合には，エラーが事故につながることはないし，可能性も非常に低い．動燃の一連の不祥事は，個々人のエラーもさることながら，これを管理し

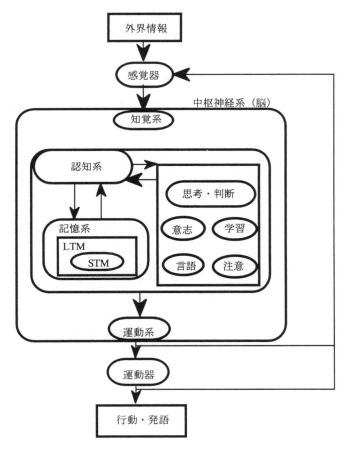

図8.1　人間の認知情報処理モデル1

てリーダーシップを発揮していかねばならない管理者側の管理能力のなさやお役所体質が重なり合った結果として生じたものであろう.

　交通事故の事例をもとにして高速道路などでの自動車追突事故の原因として，大型車の車間距離が十分に取られていなかったことが多い. 大型バスやトラックのドライバーの目の位置は普通車のドライバーの目の位置の約 2 倍の高さにあるため，大型バスやトラックの運転手の俯角（目の高さより下の対象物の 1 点と目を結ぶ線が水平面となす角度）は大きくなり，遠くを見ないようになる（運転時の視界が短くなる）. 大型車では普通車に比べて速度感が実際よりも遅く感じられるようになる. また，同一の対象物を見る場合には，大型車では普通車に比べて，対象物が大きく（長く）感じられるようになる. 以上のような要因が複雑に絡み合って大型車の事故が発生すると考えられている. すなわち，人間の錯覚などが複合的に作用して，実際よりも車間距離を過小評価するために，十分な車間距離が取れないため，前述のヒューマン・エラーの背後要因が重なり合って，追突事故が生じてしまうと考えられる. 以下の章では，ヒューマン・エラーの原因や背後要因について詳しく検討を加えていくことにする.

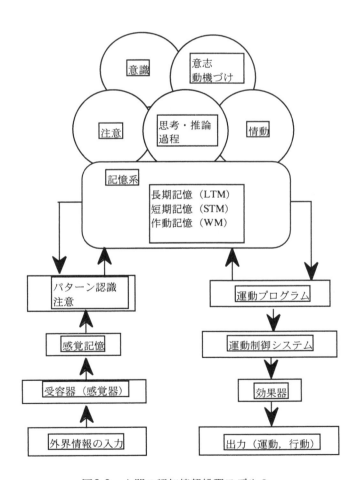

図8.2　人間の認知情報処理モデル 2

表8.1 フェーズ理論

フェーズ	脳波パターン	意識の状態	注意の作用	生理的状態
0	δ波	なし	ゼロ	睡眠, 脳発作
I	θ波	意識ぼけ	不注意	疲労, 単調感, 眠気
II	α波	リラックス	心の内方へ	安静, 休息, 定常作業
III	β波	正常, 明瞭	前向き	積極活動時
IV	β波またはてんかん波	過緊張	1点に固着	感情的興奮, パニック状態

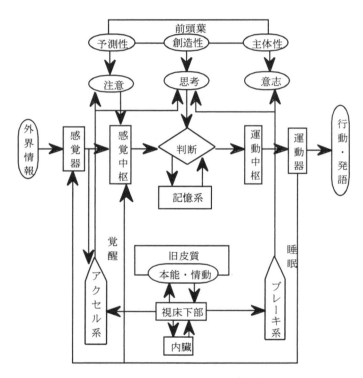

図8.3 橋本 (1986) [92]の大脳の情報処理モデル

8.2 ヒューマン・エラーのモデル

　人間の認知情報処理過程は, 知覚系, 認知系, 運動系に分けられる (図8.1.参照). まず, 目, 耳などの感覚器を介して外界情報を知覚系に入力する. この段階では, 感覚情報貯蔵庫 (sensory information storage：SIS) へ入力された情報がパターン認識の過程や注意の過程を経て短期記憶 (short term memory：STM) に転送される. ここまで転送された情報は, 長期記憶, 大脳新皮質に存在する思考・判断, 意志, 学習, 言語などの関連皮質と連係しあいながら, 適切に処理され, 何らかの意思決定が行われ, これが運動系に伝達され, 手, 足などの運動器を通じ実際の行動などが行われる. 記憶に関しては,

大脳辺縁系との関わりも深く，また，認知系と情動系の関わりも重要になってくる．例えば，やる気のあるなしで認知系の機能の仕方が異なり，やる気がある場合には外界の入力情報を適切に処理できるが，やる気がない場合には，これらの情報は適切に処理できず，エラーなどが生じることは，我々も日常よく経験する．以上のような情報処理の各段階でヒューマン・エラーが生じる．外部環境の人間への入力段階，すなわち人間が外部環境から動作や行動のために必要な何らかの情報を得る際にエラーが生じる．必要な情報が何らかの外乱の介入（例えば雑音の混入）によって歪んだ場合がこれに相当する．人間の受容器への情報の入力段階，すなわち知覚段階でのエラーは，受容器に入力された情報が正しく中枢神経系に伝達されない場合で，例えば視覚異常や聴覚異常などによって判断のエラーが生じる場合などである．中枢神経系による情報処理・意思決定・判断などのエラーは，脳幹網様体賦活系のブレーキ系の作用による中枢神経系の覚醒水準の低下（橋本のモデル[92]を参照）や誤った知識や長期記憶の内容の適用（Rasmussenのモデル[69]を参照）によって生じる．図8.1の認知情報処理の各段階に関連づけてヒューマン・エラーについて次の8項目に整理しておく．(1) 外界情報の提示段階で情報が正しく提供され，伝達されたか．(2) 感覚器で情報が正しく受け入れられたか．すなわち，見えなかった，聞こえなかった，間違って受け入れられたなどのエラーがここでは生じる．(3) 情報は正しく認知されたか．(4) 情報は正しく判断されたか．(5) 情報に対する意思決定が正しく行われ，適切に指令されたか．(6) 上記(5)から運動器に伝えられた指令が正しい行動や運動として行われたか．

　図8.1のモデルをさらに細かくまとめ直したのが図8.2のモデルである．外界情報を知覚系の感覚情報貯蔵庫に入力し，これをパターン認識などによって記憶系に転送する．記憶系は，大脳新皮質で行われる思考過程，推論過程など，さらには大脳辺縁系によって司られている情動系と相互に作用しあい

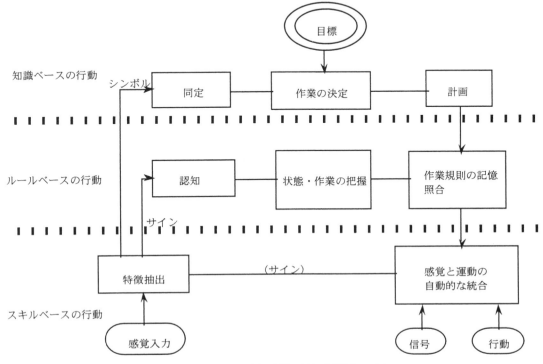

図8.4　Rasmussen(1986)[69]の認知的階層モデル

ながら，外界の入力情報についての何らかの意思決定を行い，これを運動システムに伝達し，発話，運動などの行動が行われる．

　図8.3に大脳の情報処理モデル[92]を示す．人間が外界の状況の変化に対応しながら，的確な認知情報処理を実施していくためには，大脳を中心とする認知情報処理システムが定められた規則に従って機能する必要がある．この中でも一番重要になるのが，大脳新皮質によって司られる認知情報処理の部分である．この部分で，知覚，認知，記憶，判断，意思決定などの高次の精神活動が司られ，ここでの処理において人間のエラーが多く発生する．大脳新皮質は，前頭葉の働きを代表とする予測性，創造性，主体性などの心的機能によってその能力をフルに発揮する．大脳の覚醒水準は，脳幹網様体賦活系との関連が深い．ここでは，大脳を覚醒させ活気づけるアクセル系と大脳の活性度を低下させるブレーキ系の2つが重要になり，これらは視床によって調節される．注意とは，多くの情報の中から，現在の状況のために必要な情報を引き出す作用をさす．思考とは記憶の貯蔵庫から色々な知識や経験を検索し，これと現在の状況などを照合して，最適な判断を求めていく作用をさす．記憶の貯蔵庫の中にいかに知識や経験を蓄積し，いかにしてこれらの情報を検索するかの良し悪しで，思考の働き方も異なってくると思われる．意志とは，動作の切り換えやタイミングの調整時に，それまでの動作を中止して新しい動作を行うための原動力となるためのものである．時々刻々と変化する環境に対応してうまくタイミングを調整することができるのも意志の機能による．注意，思考，意志の上位に書かれている予測性，創造性，主体性の3つについて説明を加えておく．予測性は，作業や行動全般にわたって極めて重要な働きをする．予測性は，思考判断や意思決定にも関連が深いが，特に注意に指向性を与える作用を有し，必要な情報の選択能力を向上させる役割をもつ．作業をしたり行動する場合に，先々のことを色々考えながら作業や行動を行うのが予測性であって，予測があれば操作に余裕ができ，エラーが少なくなる．以上のように予測性の働きによって注意が発散することなく要点に指向され，瞬時に情報を正しく選択することが可能になるが，予測性が過剰に機能した場合には先入観が強くなりすぎて，ヒューマン・エラーが生じることに注意せねばならない．創造性とは，発想を新たにして思考判断を見直そうとする働きである．現在の作業や行動が間違いないかを見直すことが創造性であり，人間の前頭葉のもつすぐれた機能である．また，こういった機能が人間を犬や猫などの他の動物と明確に区別できる特徴であり，人間を人間たらしめているゆえんとなっている．予測性と同時にこれで果たしてよいのかと創造性を発揮して作業や行動を見直していけば，ヒューマン・エラーを最小限に抑えることができるはずである．主体性とは，自分の存在や能力，価値観などを仕事の上で生かしたいという欲求を表す．主体性が満たされると，人間はやる気を起こして意欲的に仕事に取り組み，自分の能力を向上させようと努力する．主体性が満たされている状況では，ヒューマン・エラーも生起しにくいが，主体性が満たされない場合には，仕事に対する積極性がなくなり，エラーやミスが頻発するようになる．自動化技術の進展とともに，我々人間の作業形態も変遷を遂げてきており，主体性が失われる危険性がある．自動化の推進では，作業者やオペレータの主体性を失わせないような配慮が必要になるだろう．

　このモデルに関連して，橋本によって表8.1のようなフェーズ理論が提案されている．ただし，この理論はいくぶん概念的なものであるが，ヒューマン・エラーとの関連として重要な考えを提起している．フェーズ0とは，意識を失っている状態で論外である．フェーズⅠは脳波でθ波が優勢な状態で，意識は平常よりも薄いで，頻繁にミスが続くような状態であり，脳幹網様体のブレーキ系がかなり

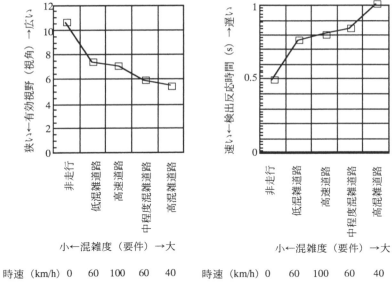

図8.5　三浦（1992）[93]の実験結果

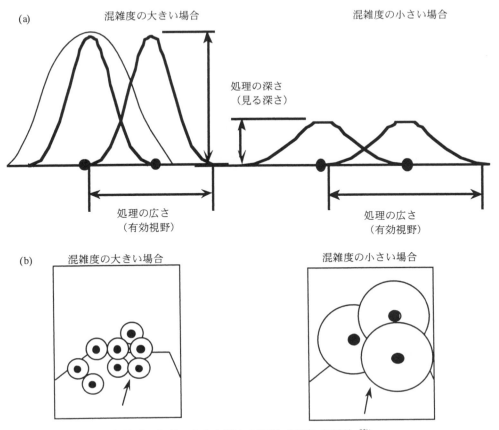

図8.6　注意の広さと深さの関係（三浦（1992）[93]）

機能していると考えてよい．疲労がかなり強いとか，単調作業の繰り返しによって手順を間違えたり遂行すべき職務を度忘れしたりして，かなり重要なエラーを起こしかねない状態である．フェーズIIとIIIは，それぞれα波とβ波に対応した意識状態を表し，ともに正常な意識状態に相当する．フェーズIIは，リラックス時の状態に相当し，注意力が外向きに働かず，むしろ心の中で考え事をしている状態に相当する．したがって，この状態では，予測性や創造力の発揮は一般に望めない．これに対し，フェーズIIIは，前頭葉がフルに活動しており，うっかりしたエラーを起こすことはあまりない状態と考えられる．フェーズIVは，過大の緊張や情動的興奮のために，精神活動の上では注意が目前の1点に集中されすぎる状態になる．より具体的には，緊急事態に遭遇してあわてた状態や，恐怖感に襲われた状態で，俗にいうパニック状態に相当する．この場合には，適切な行動を取ることは不可能で，思わぬヒューマン・エラーを誘発する危険性がある．以上フェーズ理論の各フェーズについて説明し，作業中はフェーズIIIの状態を保つことが重要であることを述べた．しかし，我々人間にとってフェーズIIIの状態を長時間持続させることは極めて困難である．無理にフェーズIIIを持続させようとすれば，そのためにかえってフェーズが低下して重大なエラーを引き起こす恐れがある．したがって，作業中にフェーズIIIを常に維持するのではなく，フェーズIIの状態も許容するようなシステム作りが重要になる．フェーズIIIの状態にしなければ対応できないような状況に対しては，意識レベルをフェーズIIIに速やかに切り換えることができるようなトレーニングや集団としての意識のもち方が重要になってくる．

Rasmussen（1986）[69]による人間行動に関する3つの認知的階層モデルを図8.4に示す．人間の行動は，スキルベースの行動，ルールベースの行動，知識ベースの行動の3つの認知的階層に分けられる．スキルベースの行動は，身体で会得したもので，記憶の認知科学的モデルにおける技の記憶に相当する．自転車に乗ったり，ナイフとフォークを上手に使ったりする行動はすべてスキルベースの行動に相当し，小脳の運動制御機能に基づいて体得され，半自動的なものである．スキルベースの行動は，実際に身体を使って覚えていくものであり，これを言葉で説明して伝えるのは難しい．ルールベースの行動は，人間の記憶に基づいて判断するような行動であり，英語やドイツ語の文法学習，計算機のコマンドの学習，計測装置の使用方法の学習などがこれに相当する．ルールベースの行動の適否は，記憶内容をルール（規則）に照合されることによって判断できる．また，規則を変更することによって行動を変えることも可能である．知識ベースの行動は，個別の規則との照合ではなく，抽象的な概念，目標などを与えてそれを達成する手段を選択・計画して実行に移すものであり，多数のルールベースの行動やスキルベースの行動を組織することによって行われる．例えば，自動車の運転を例にして考えてみる．自動車を追突することなく運転できるのはスキルベースの行動による．道路の左側を走行し，赤信号で停止するのは，ルールベースの行動に基づいて行われる．急を要する場合に反対車線に出て追越しを行うのは知識ベースの行動による．Rasmussen（1986）[69]は，人間－機械系におけるヒューマン・エラーを考えていく場合に，人間行動を以上の3つの認知的階層に分けてとらえることの重要性を強調している．

8.3 エラーの原因，測定

ヒューマン・エラーの発生機序に関しては明確な回答を与えることはできないが，人間の覚醒水準低下時，疲労時，過度のストレスが負荷されたときなどに何らかの外的要因が作用した状況で，発生

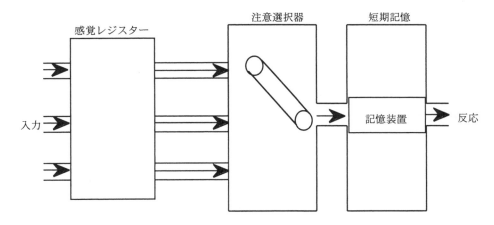

(a) 単一回路モデル

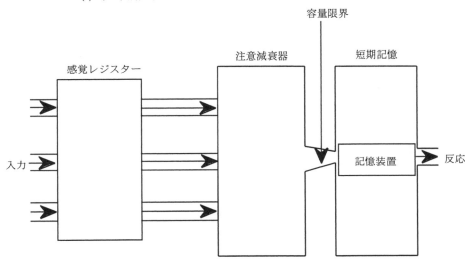

(b) 容量限界モデル

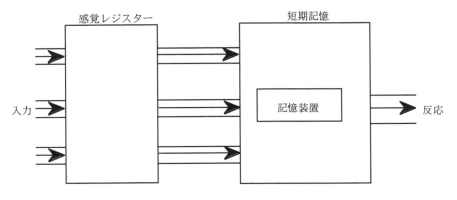

(c) 並列回路モデル

図8.7　注意のモデル（Shiffrinら（1974）[97]）

しやすくなる．また，認知情報処理過程の各段階の特性を考慮しない設計が行われた場合や，人間の認知情報処理の能力の限界を越えるような作業が負荷された場合にエラーが発生する．さらには，我々が行う認知情報処理における注意の深さと広さのトレードオフの関係に基づいたエラーの説明も可能である．注意には広さと深さの2つの側面があり，この2つを同時に満足させることは不可能に近い．すなわち，ある部分を詳細に見ようとすれば，全体を見渡すことはできない．一方，全体を見渡そうと思えば，ある部分だけ詳細に見ることはできない．非常に混雑した道路での運転では，時々刻々と変化する状況を懸命に見なければならないが，ここで有効視野が狭くなり反応が遅くなるのはなぜだろうか．以上の点を三浦[93)-96)]は，アイマークレコーダの注視点分析を用いて検討し，注意には広さと深さの2つの側面があることから，この現象を説明できることを明らかにした．その結果を図8.5に示す．図8.5は，混雑度が大きい（運転者への負担が大きい）場合と混雑度が小さい（運転者への負担が小さい）場合の有効視野と注視する場合の停留点（fixation point）での停留時間（fixation time）の関係を示している．混雑した道路では，それぞれの注視点における停留時間は長く，停留点の付近を注意深く見ていることがわかる．一方，混雑のない道路では，それぞれの注視点における停留時間が短く，停留点の付近への注意の向け方が混雑した道路ほど深くないことがわかる．有効視野に関しては，混雑した道路では非常に狭くなり，混雑のない道路では広くなる（すなわちより広範囲をカバーできる）．以上のように，停留時間と有効視野の広さは相反関係にあることが推察される．これを図8.6(a)のようにまとめることができる．また，図中の各注視点での分布の山の断面積は，混雑度が高い場合も低い場合もほぼ一定の値をとると考えてよい．すなわち，処理の広さ（有効視野の広さ）と処理の深さ（注視点への停留時間の長さ）を図8.6(a)の細線の分布のように同時に満足することはできない．また，前述のように有効視野が広いほど周辺視でのターゲットの検出時間は短くなることはいうまでもない．

　図8.6(b)は，以上のことを整理したものである．混雑度の小さい場合には，注視点の移動が少なく，有効視野も大きくなるが，それぞれの注視点での停留時間は短くなる．一方，混雑度が大きい場合には，注視点の移動は頻繁になり，有効視野は短くなるが，それぞれの注視点での停留時間は長くなる．すなわち，混雑した道路状況では時々刻々と変化する道路状況に対処するために，忙しく注視点を移動させ，かつ各注視点での停留時間を長くして（より注意深くして）いるため，視野の広さは犠牲にせざるを得ない．混雑度が低い道路状況では，これと逆のことが成立する．三浦は，前述のように有効視野の広さと検出反応時間との関係を求めた実験データから，以上のことを推測するにいたったが，図8.6に示した関係は，実験データに基づいて確認されているものではないため，注視点の移動に関するデータを収集する実験などを用いた今後の研究成果に期待がもたれるところである．以上のように，混雑度が増すとそれに対処して，各注視点でより深く見ようとするために，停留時間が増加し，このために注意の広さ（有効視野の広さ）を狭くせざるを得ない．こういった状況では，有効視野が狭くなり，視野狭窄の状況が出現するため，検出反応時間も必然的に遅延化傾向になる．

　注意の過程について考えていく．感覚情報貯蔵庫（SIS）から短期記憶へ情報が転送される際には，SISへ入力されたすべての情報が転送されるわけではない．すなわち，短期記憶の段階で受容可能な情報は，SISで受容可能な情報よりも少ないため，どの情報を受け取るかを選択する必要がある．この過程が注意に相当する．注意の過程は，第5章で述べたパターン認識の過程との関連も深い．細部まで詳細に知覚するためには，全体の知覚が犠牲になってしまう．図8.7に注意のモデル（Shiffrinら(1974)[97)]

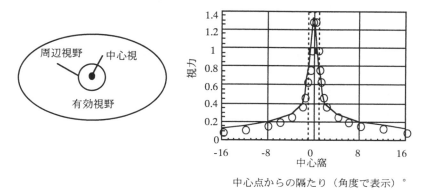

図8.8　人間の視野の特性

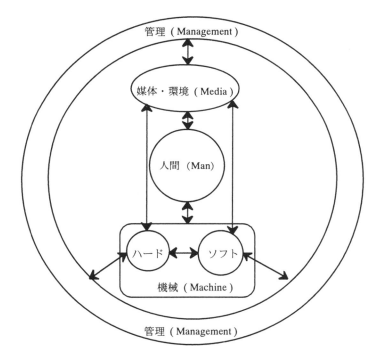

図8.9　4つの背後要因の関連性

による）を示す．図8.7(a)は，注意に関する単一回路モデルである．SISには，多数の入力経路が存在する．しかし，注意選択機構がどれか1つの経路を選択し，その部分のみが短期記憶へ転送される．図8.7(b)は，注意の容量限界モデルである．この場合もSISには多数の入力経路が存在する．このモデルは，注意には容量の限界があると考え，SISに入力された情報がこの容量の限界のために，一様に減衰して（図でいうと減衰機構を経て），短期記憶に達すると考える．図8.7(c)は，並列回路モデルであり，SISへ入力された情報は全く減衰することなく，また図8.7(a)のような選択機構を経ることなく，一様に短期記憶へ達し，ここで何らかの形で情報の取捨選択が行われると考えるものである．感覚記憶から短期記憶へどの情報が転送されるかについて考えてみることにする．感覚記憶には，短期記憶に入れることができる情報よりも多くの情報がある．したがって，どの情報を短期記憶へ転送し，どの

情報を感覚記憶から消滅させてしまうかを決定しなければならない．これは，「注意」の過程に相当し，何に注意をするかに関する決定が，この転送過程で行われる．例えば，次のようなカクテルパーティー現象について考えてみる．パーティーでは色々な会話が聞こえてくる（すなわち，聴覚情報貯蔵庫に情報が入力される）．しかし，一度に複数の会話に耳を傾けることはできないので，どれか1つの会話のみに注意を向けざるを得ない．これこそまさに，感覚情報貯蔵庫の感覚（聴覚）記憶システムからより高次の短期記憶へ情報を取捨選択して転送する「注意」の現象である．現段階では，注意はいかなる機構のもとで機能しているのかは，明らかにされていないが，ヒューマン・エラーを考えていく上では注意の問題は非常に重要で避けては通れない難解な問題である．

　ヒューマン・エラーがどのような条件下で発生しやすくなるかについて整理しておく．

　(1)　我々は，見たことがなく，経験もなく，考えたこともないことを行う場合には，注意力を十分に働かせることができないため，エラーを起こすことが多くなる．しかしながら，これらのことを繰り返しているうちに，図8.1に示すような多重フィードバック系が活発に機能し，大脳の情報処理システムが適切に機能するようになり，エラーを起こしにくくなる．したがって，経験や訓練が不足の場合はヒューマン・エラーが発生しやすくなるため，これらの点に十分に配慮する必要がある．

　(2)　我々の認知情報処理システムで処理可能な情報量は，ある程度の個人差はあるものの，50bit/sが最大であるといわれている．カタカナ1文字を読むのが7bitであるから，1秒では7文字程度のカタカナを読んで理解するのがやっとである．この情報処理容量の限界を越えた場合には，我々は適切な処理を行うことは到底不可能である．我々の視覚情報処理能力には，図8.8に示すように中心はよく見えるが，周辺にいくほど見えにくくなるという性質を有する．この視野の特性を無視した視覚情報処理が課されると，ヒューマン・エラーが生じやすくなる．

　(3)　また，我々が普段から遂行する作業には易しいものから難しいものまで種々の難易度のものが存在する．同一の作業であっても，この難易度は，個人ごとに異なるのが普通である．個人にとって易しすぎても退屈感や単調感が誘発され，エラーが生じやすい状態になるし，難しすぎる場合には個人の処理能力の限界を越えて頻繁にエラーが発生するようになる．

　(4)　多くの情報すべてを判断して処理しようとすれば，我々の中枢神経系（認知情報処理システム）に大きな負担がかかるため，エラーが生じてしまう．しかし，我々には多数の情報の中から必要な情報のみを取捨選択するための認知機構を有している．この取捨選択の段階で適切な処理が行われなかった場合には，やはりエラーが生じてしまう．また，我々は情報の選択機構をもってはいるものの，あまり多数の情報からは適切な情報を取捨選択できない．アメリカのスリーマイル島の原子力発電所の大事故の際にも，同時に100個のアラームが点灯したために，オペレータは何をしてよいか呆然自失してしまったということである．これとは逆に情報が少なすぎても，エラーにつながってしまう．例えば真っ暗な夜道を車で走っていて，500m先で左折する標識があったとしても，左折する道が真っ暗で何の目印もなくはじめての所だとすれば，ついつい通り過ぎてしまう．以上のように，(3)で難易度について述べたのと同様に，情報が多すぎても少なすぎてもヒューマン・エラーを起こす可能性が高くなり，我々にとって適度な情報量が必要である．

　以上，認知科学的観点からヒューマン・エラーの原因について考えてきたが，ヒューマン・エラーを事故と結びつける背後要因を，次のように4Mとして分類することもできる．図8.9に4Mの相互関係を整理しておく．

(1)　人間（Man）

職場における人間関係（Human Relation）が円滑であることも必要不可欠である．人間関係が適切であれば，命令，指示などのコミュニケーションが円滑になり，その分，人間に関連したエラーが少なくなる．また，8.4でも述べるように，人間の生理特性，認知情報処理特性，反応時間の限界，視覚特性，錯覚，錯視などを十分に理解し，人間はエラーに対して100%完全なものではないことを認識しなければならない．さらに，性格，気質，健康状態，生活環境，経験，能力，普段の勤務態度，仲間意識の程度などの要因にも十分に注意する必要がある．

(2)　機械（コンピュータ）（Machine or Computer）

表示装置や操作器などに対して十分な人間工学的設計および認知工学的設計（6.4を参照のこと）がなされていないと，人間と機械のインタフェイスが不十分になり，エラーが入り込んでくる余地を簡単に与えてしまうことになりかねない．さらには，機械の性能，操作の難易，機械の整備状態，機械の騒音・振動なども背後要因となり得る．

(3)　媒体・環境（Media）

人間と機械の媒体（仲介）となるもので，物理的作業条件（照明環境，音熱環境など），作業方法や手続き，作業速度や休憩の与え方などの作業方法全般に関わるものが重要になる．さらに，交通標識や信号，交通規則，天候，気象，明暗，時刻などもヒューマン・エラーの背後要因となる．例えば，天候不良で，周囲が暗く見通しも悪く，さらには眠気などが発生しやすい時刻といった複数の要因が重なり合って，ヒューマン・エラーが重大な交通事故などにつながる場合が多い．

(4)　管理（Management）

国家や社内の安全法規・安全標準などが重要であり，監督や指示の方法，教育訓練も含まれている．これからは，ヒューマン・エラー防止のための，人間工学や認知工学関連の教育を積極的に実施し，作業者や社員に，人間工学的設計や認知工学的設計の重要性を認識させることも大切である．また，集団として個々人のエラーに対処する能力や管理者にリーダーシップが備わっている場合には，ヒューマン・エラーが事故につながることはまれであり，集団や管理者の能力やリーダーシップの有無もヒューマン・エラーの背後要因となり得る．さらには，勤務時間編成，健康管理，睡眠管理などの側面の悪さもヒューマン・エラーの背後要因となる．

以下では，ヒューマン・エラーと事故の結び付きについて詳しく考えていくことにする．

a.　情報入手の遅れ

作業中に1つのことに集中しすぎたために，情報を得る時間が遅くなったとか錯視のために情報を間違って受け入れてしまったなどの事態が発生すると，事故に直結する場合が多い．

b.　判断の遅れによる不適切な処置

初期の判断が遅れたため，その分適切な処置を講じることができなかったため，これが事故に結び付くことがある．

c.　注意力不足

集団としてのヒューマン・エラー対策や指導が不十分なために，作業者個々が同一の誤りを起こし，誰も誤りに全く気づかなかった場合や管理者が適切かつタイムリーな助言を行わなかった場合には，これが重大な事故につながる可能性がある．

d.　作業手順の悪さ

　人間は作業に慣れてくると，作業手順を変更したり，標準的な操作手順から逸脱する場合がある．このようなことが，正しい判断のもとに環境などと十分に対応付けて行われていればよいが，そうでない場合には重大な事故につながる可能性がある．

8.4　エラー防止のためのヒューマン・インタフェイス設計

　設備・作業環境要因に基づく設計，人間工学に基づく設計，認知工学に基づく設計，疲労・ストレス・負担などの観点に基づく設計に分けて述べていく．

1．設備・作業環境要因を考慮した設計

　設計段階で予め種々の人間特性を考慮して，どういった場面で人的要因が絡んでくるかを想定した設計を行う．また，人的要因がエラーを誘発しないように，システム改善，作業環境改善，作業手順の見直しなどを常に心掛けるべきである．

2．人間工学に基づく設計

　一般的な習慣や多くの人に共通した好みに適合するように，すなわちポピュレーション・ステレオタイプ（population stereotype）を活用した設計を心掛ける．例えば，ダイヤルは時計方向に回すように統一するとかスイッチのオン・オフは上側はオン，下側はオフになるように設計するなどである．また，人間の形態的特性を考慮して生体計測値に合致するようなシステムや機械の設計も重要になる．VDT作業1つをとっても，形態的特性を考慮したVDT機器の設計は，ヒューマン・エラーの防止のみではなく，作業効率アップの観点からも重要である．さらに，車のコックピットの設計でも形態的特性やポピュレーション・ステレオタイプを考慮にいれた設計は，ヒューマン・エラー防止や最適な運転環境の提供などの観点から重要である．

3．認知工学に基づく設計

　人間は，覚醒水準の低下を必ず起こし，中枢神経系の認知情報処理の機構が正常に機能しない場合が必ず生じるわけであるから，これを補うような技術を人間－機械（コンピュータ）系へ組み入れた設計を行う必要がある．また，第5章と第6章でも述べたように，何らかの形で人間の認知情報処理の各段階で処理可能な容量を越えた負荷がかけられた場合にも，エラーが生じるため，認知科学的な知見を組み入れたインタフェイス設計はますます重要になる．個人差は，あるにしても我々は必ず注意の過程において容量の限界が発生したために，エラーを引き起こす．したがって，不注意を起こした際の対策をフェールセーフ（failsafe）やフールプルーフ（foolproof）の形でシステムに組み入れておく必要がある．人間の感覚・知覚，記憶，認知にも限界があり，予測し得ない事態の発生，人間の能力では十分に対処しきれない事態の発生，複合的な錯視現象の発生に十分対処し，人間の能力の限界を越える部分に対しても十分に対処可能な技術の開発がますます重要であり，認知工学がヒューマン・インタフェイス設計において占める役割は非常に重要である．人間は必ずエラーを引き起こすという前提のもとに，人間の認知情報処理特性を十分に理解して，これらの欠点を補うような技術を開発し，これをシステムに組み入れていかねばならない．すなわち，人間の認知情報処理システムの欠点を熟知した上で，このシステムの欠点を補うような知的な人間－機械（コンピュータ）系の開発

が，これからの認知工学の課題となってくるだろう.

4．疲労・ストレス・負担などの観点に基づく設計

　前述のように脳幹網様体賦活系のブレーキ系の作用により覚醒水準が低下し，エラーを引き起こす場合がある．また，作業が人間側に負荷する負担（近年では肉体的負担よりも精神的負担のほうがウェイトが高くなりつつある）やストレスによって，エラーが生じてしまう．したがって，上記 1 から 3 を考慮したインタフェイス設計に加えて，疲労・ストレス・負担が適度でエラーが生じにくいようなインタフェイス設計を行っていく必要がある．例えば，2，3 の人間工学的観点と認知工学的観点からのインタフェイス設計が十分であっても，疲労・ストレス・負担が高水準に達したため，ヒューマン・エラーが生じるようでは十分なインタフェイス設計とは言えない．したがって，第 9 章で述べる疲労・ストレス・負担を考慮したインタフェイスも非常に重要になる．これらの測定には，他覚的側面，心理的側面，生理的側面の 3 つのアプローチが総合的に用いられるが，これらの 3 つの側面は一般には十分な対応をせず，これが疲労・ストレス・負担の評価を難しくしている 1 つの要因になっている．3 つの側面が十分に対応するような評価法の開発が必要不可欠である．種々の生理指標を総合化した指標の開発が望まれる.

第9章　疲労・ストレスの評価

　本章では疲労，ストレスの評価法について言及し，人間にとってストレスが過度にかからず疲れにくいヒューマン・インタフェイス設計のための基礎を理解させる．まず，疲労，ストレス，負担について定義を行い，さらにコンピュータ作業従事者で問題になっているテクノストレス症候群について述べる．次に，疲労，ストレスの一般的な測定法について述べる．最後に，心拍変動性指標や瞳孔面積のゆらぎのリズムに基づく精神的作業負担の評価法や瞳孔径の長時間データに基づく疲労評価の試みを紹介する．

9.1　疲労，ストレス，MWLとは

　疲労という言葉は，日常生活においても頻繁に用いられており，一般に効率低下，エラーの増加，努力して目的を達成する気力を失わせる状態と考えられるが，必ずしも明確に定義できる状態ばかりとは限らない．疲労は，肉体的（身体的）疲労と精神的疲労に分類される．肉体疲労は，比較的測定が容易で，客観的にとらえることができるが，精神疲労の測定とその評価は非常に難しく，現在でも確立された評価法はなく，数多くの研究者によって盛んに研究が行われている．疲労は蓄積する性質を有し，時間的に進行していくものである．また，見かけのきつさがほぼ同じ仕事をしても，疲労の進行状況は異なる．例えば，雑談と会議，ドライブと路線トラックの運転，パソコンゲームとただ単なるコンピュータへのデータ入力における疲労の程度を比較してみればわかるだろう．この違いは，自分のペースで仕事や作業が可能かどうかに基づくと考えられる．また，肉体疲労と精神疲労を完全に分けて考えることはできず，知的な情報処理の比重が高い精神作業などといったふうに分類していくべきである．疲労の調査では，疲れた感じを重視し，この源を継時的に追跡していかねばならない．疲れた状態に共通の性質として，やがては必ずへばりが来ること，仕事ぶりに変化が生じて（例えば，ブロッキング現象，副次行動，注意の途切れる回数などが増加して）休みたくなること，疲労の出現にも回復にも時間経過が必要であることがあげられる．ブロッキング現象，副次行動，注意の途切れる回数などの増加の結果が疲労感として出現してくる．ブロッキング現象とは繰り返し同種の作業を実施する場合に，いくつめかごとに作業時間が延びる現象をさす．これは，中枢神経系に生じた一時的な休止現象であり，反復使用された神経回路網が一時的に不能になり，これを回復するために必要な時間と考えられている（小木（1994）[98]）．疲労とは，小木（1994）[98]のいうように，その時点での休息要求の度合いと表現できるかも知れない．疲労の現れ方は，仕事の種類に応じて異なる．また，仕事のきつさの程度に応じて疲労の程度は異なることが容易に予測できるが，疲労の進む順序は仕事のきつさの程度にかかわらず共通である．

　ところで，負担と疲労は混同されやすいが，ここでは両者を以下のように区別しておくことにす

表9.1　疲労の原因
1．睡眠不足または徹夜
2．一連続作業時間が長すぎる
3．深夜勤務，交代制勤務の継続
4．休憩時間，休日の不足
5．長時間残業
6．作業負荷が大きすぎる
7．熟練不足
8．高齢
9．不適切な作業条件，作業環境
10．作業の繰り返し性，単調性
11．健康状態の不良

表9.2　疲労の心理的要因
1．作業意欲の低下
2．作業に対する興味の喪失
3．拘束感，束縛感
4．職場での人間関係の悪化
5．家庭での心配事
6．安全への不安
7．健康への不安
8．プライベートな悩み
9．過大な責任の委任
10．性格的な職場不適応
11．種々の不満

る．精神的もしくは肉体的な作業を負荷されることによって，作業者はこれを負担として受けとめ（後述のストレス反応とほぼ同じであると考えてよいかも知れない），この肉体的負担や精神的負担が継続することによって疲労が誘発されると考える．すなわち，作業負荷によって負担が生じ，これが原因となって疲労が発現するという図式である．疲労は主として，疲労感といった心理的な側面，生理機能の低下に代表される生理的側面，作業効率の低下，作業中の副次行動の増加などの他覚的側面の3つの側面からとらえることができるが，必ずしも相互に十分な対応関係が存在するとは限らないことに注意せねばならない．疲労とは，循環器系，内分泌系，自律神経系，中枢神経系，末梢神経系などの機能が低下して，十分な活動を営めなくなった状態（心理的な疲労感の増加，効率低下，副次行動の増加）と見なすこともできる．疲労に影響する機械（コンピュータ）側の要因としては，機械（コンピュータ）の操作のしやすさ，操作部の配置，操作部の人間工学的設計の有無（第7章のVDTの項を参照），作業する機械の種類やコンピュータ・システムの種類などである．人間側の要因としては，精神状態，身体状態，生理的なリズム（含む日内変動（サーカディアンリズム）），作業時間，作業内容，作業環境などである．疲労の原因としては，表9.1に示したものを，また疲労の心理的要因としては表9.2に示したものをあげることができる．

　筋疲労について考えていく．VDT作業のような静的な作業においても局所的な筋疲労が生じ，頸肩腕障害などにつながる可能性があることは，すでに第7章で述べた．筋肉への負担またはストレスが誘発された後のパフォーマンス低下現象が一般に筋疲労と呼ばれるものである．筋収縮時にはエネルギーが生じ，その後筋肉が弛緩して休んでいる間にエネルギーが補充される．筋肉ではエネルギーの放出と回復の両方が進められるが，エネルギーの要求量がエネルギーの産生量を越えてしまうと，エネルギー代謝のバランスがくずれて，筋力が低下する．筋肉に強いストレスや負担がかかると，このような状態が継続され，エネルギーをこれ以上産生できない状態に陥り，二酸化炭素や乳酸などの老廃物が蓄積し，筋肉組織が酸性化し，筋疲労が誘発される．一般に，筋疲労の蓄積とともに筋電図によってとらえられた電気活動は盛んになり，筋電図の振幅は増加するといわれている．また，筋疲労時には，筋電図の周波数は減少すると考えられている．一般の労働現場における筋疲労に対する対策は，後述の精神疲労に比べてそれほど困難なものではなく，その評価方法もある程度は確立されている．すなわち，十分な休息，適度な睡眠，十分な栄養補給によって過労状態に移行する前に疲労状態

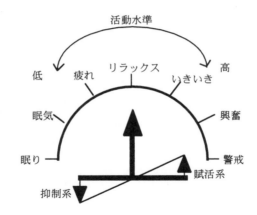

図9.1 精神的な機能の状態を調節する神経生理学的なモデル

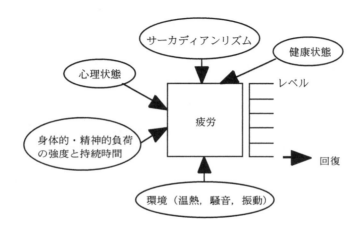

図9.2 疲労の原因

を回復することができる．また，第7章で述べたようなVDT作業における人間工学的設計を実施することによって，局所筋疲労を最小限に抑えることが可能である．ただし，スポーツ選手などの場合には，筋疲労は一般労働者よりも留意しておかないと，野球肩や野球肘，ゴルフ肘などのような重篤な症状に陥って，選手生命の危機にさらされることになる場合も数多く見かけられる．

　疲労の発生機序について考えてみることにする．疲労の主要な症状は眠気の発生である．リラックス時もしくは休息時の眠気は不快には感じないが，作業中の眠気はそれを我慢せねばならないので大変である．前述の筋疲労以外にも，大きく分けて次のタイプの疲労が存在する．

(1)　視覚疲労・眼精疲労

(2)　精神・神経疲労

(3)　慢性疲労

(4)　単調感・退屈感

人間の中枢神経系の機能状態としては，深く眠っている，軽く眠っている，まどろんでいる，リラックスして休んでいる，非常にさわやかでかつ警戒している，非常に警戒している，驚いているなどのカテゴリーに分類できる．大脳新皮質は，知覚，記憶，認知，理解，創造などの心的活動を行い，精

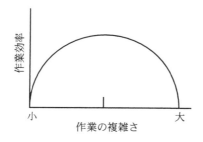

図9.3　作業の複雑さと作業効率の関係

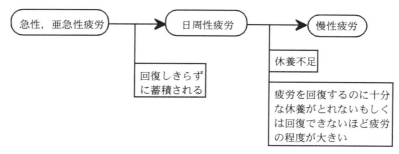

図9.4　急性，亜急性疲労，日周性疲労，慢性疲労の関連

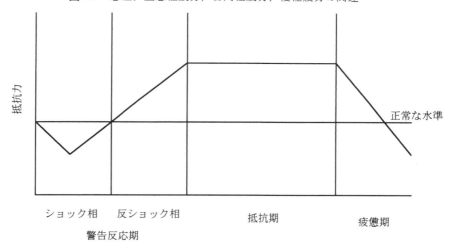

図9.5　H.Selyeの全身適応症候群

神活動における中心的な役割を果たす．精神作業によって誘発される疲労は，大脳新皮質の活動の低下，特に覚醒水準の低下として発現する．第8章でも述べたように，大脳の覚醒水準は，脳幹網様体の諸活動によって支配され，アクセル系が優位なときには精神活動が促進され，ブレーキ系が優位なときには精神疲労が高まった状態であると考えられている．長時間の精神作業負荷や単調作業を繰り返すと次第に覚醒水準が低下して眠気を覚えるのは，感覚器からの情報入力が減少し，脳幹網様体のブレーキ系が働き，脳幹網様体が刺激を受けなくなるためと考えられている．人間の精神的な機能の状態を調節する神経生理学的なモデルを図9.1に示す．大脳新皮質の活動水準，活動のための準備状態などはすべて左から右に増加する．一般的な疲労の原因の模式図を図9.2に示しておく．疲労の兆候としては以下のものがある．

1．眠気の発生（覚醒水準低下）による労働意欲などの低下．

2．機敏さ，警戒心の低下．

3．認知情報処理の各段階における情報処理能力の低下．

4．精神的・肉体的なパフォーマンスの低下．

5．思考力の低下．

6．副次行動の増加．

7．心理的な疲労感の増加．

単調感，退屈感，覚醒水準の低下について考えていくことにする．単調な繰り返し作業や退屈な作業は，容易に疲労を誘発し，覚醒水準の低下をもたらす．人間に負荷される作業は，難しすぎても大きな負担になるが，逆にあまり簡単すぎてもかえって効率の低下をまねく．図9.3に作業の複雑さと作業効率の関係を示す．適度な複雑さもしくは作業負荷レベルを有する作業が，最も作業効率を高め，単調感や退屈感を引き起こすことも少ない．すなわち，人間にとって適度な負担がかかるような作業を負荷することが肝要である．負荷が高すぎず，低すぎず，人間にとって最適な負荷がかかるような職務形態がヒューマン・インタフェイス設計では望まれる．職務設計のための大まかな方針を以下に掲げておく．職務設計とは，仕事に働きがいややる気を起こさせるような条件を組み入れて，作業システムを設計していくことであり，ヒューマン・インタフェイス設計でも最も重要な側面ではないかと思われる．

1．仕事にバラエティーをもたせる．

2．職務の範囲を拡大させる．

3．同じ職務ばかりでなく，職務を定期的にローテートする．

疲労は休息の要求に，単調感，退屈感は場面変更の要求に代表されるが，単調も長時間継続すると疲労感を発現させることに注意しておかねばならない．

疲労の分類として，(i) 急性，亜急性疲労，(ii) 日周性疲労，(iii) 慢性疲労の３つに分類する考え方がある．急性疲労は，数分から数十分にわたって進展し，亜急性疲労は数時間を単位として進展する．日周性疲労は１日もしくは１日の作業時間や通勤を含めた勤務時間の範囲で，急性疲労や亜急性疲労の蓄積結果として進展するものである．慢性疲労は，数日から数か月にわたって進展する．急性および亜急性の疲労は，休憩を挿入することによって回復されるが，休憩は分割して取ったほうがその回復には有効であると考えられている．回復しきれないものが蓄積されることによって，日周性の疲労へとつながり，回復しきれないものの程度に応じて日周性の疲労の程度が左右される．毎日の活動によって蓄積される日周性の疲労を回復するために，休養が必要になるわけであるが，疲労回復のためには，勤務時間間隔が長いほうが十分な休養が取れるため有利である．例えば，機関車乗務員に関する調査でも，連続夜勤後の昼睡眠，一晩の自宅休養，休日を含む36時間休養の順番で疲労回復が効果的に行われることが報告されている（小木（1994）[98]）．図9.4に急性，亜急性疲労，日周性疲労，慢性疲労の関連性をまとめておく．急性，亜急性疲労を起こしやすい条件としては，大きい動作や力を要する動作，単調な作業，精密作業，高密度の作業，騒音・振動環境，高温環境などがあげられる．日周性の疲労の条件には，長時間作業，単調な作業の継続，適切な休憩の不足などがあげられる．慢性疲労の原因として，繁忙期の長期間持続，緊張・責任の過大，休養不足，不規則な生活などがあげられる．これらの対策としては，作業負担を軽減して負担が適度になるようにする，作業手順の人間工学

表9.3　体内諸器官のストレス反応

	交感神経系	副交感神経系
瞳孔	散大	縮小
唾液腺	興奮（ネバネバの唾液）	抑制（水溶性の唾液）
血管	収縮	拡張
汗腺	興奮	抑制
心臓機能	促進	抑制
気管支	拡張	収縮
食道	拡張	収縮
胃	胃液分泌抑制	胃液分泌促進
膵臓腺	抑制	促進
腸	抑制	促進
腎臓	分泌抑制	分泌促進
副腎	アドレナリン，ノルアドレナリン分泌（糖尿促進）	糖尿分泌
生殖器	血管収縮	血管拡張

表9.4　ストレス反応時とリラックス反応時の身体諸器官の状態

	ストレス反応	リラックス反応
筋肉	緊張	弛緩
血液流入量	増加	減少
血管	収縮	弛緩
血圧	上昇	正常値
心拍	増加	減少
心電図	欠落，不整，虚血性	リズムが整う
手足	冷たく汗ばむ	温かくサラサラ
脳波	速波	α波
基礎代謝量	増加	減少
エネルギー	消費	蓄積
呼吸	浅く，早く，不規則	緩徐，規則的
皮膚電気反応	冷汗，電気抵抗変化	電気抵抗が元に戻る
指先温度	低下	上昇
指尖容積脈波	血行が悪化	血流が良くなる

的改善（例えば，VDT作業では第7章に述べた点を考慮しながら人間工学的対策を講じる）や可能な場合には作業を自動化する，作業場面の早期転換や単調感のところで述べた職務充実，職務拡大，休憩や休養（休日）をタイムリーに取らせる，生活リズムを尊重するなどをあげることができる．

　H.Selyeの定義によれば，ストレスとは「外的な刺激に対する生体の適応反応」であり，外的刺激としてのストレッサー（stressor）とその結果として生じるストレス反応（stress response）は明確に区別し

ておかねばならない．H.Selyeは，ストレスは本質的には内分泌系の連鎖反応としてとらえることができ，外的刺激を受けた脳幹の興奮によってカテコールアミン系のアドレナリンおよびノルアドレナリンといったホルモンの分泌量（これらのホルモンの分泌量は尿から検査できる）が増加することを明らかにし，このデータに基づいてストレスの考え方を初めて世に知らしめた．H.Selyeは，生体が持続的なストレス状態にある場合には，抵抗力が図9.5に示すように変化していくという全身適応症候群（general adaptation syndrome：GAS）の考え方を提案した．まず，生体が突然ストレッサーにさらされたときに示す反応が警告反応（alarm reaction）である．ここでは，さらに2つの時期，すなわちショック相と反ショック相に分けられる．ショック相は，生体がいきなりストレッサーによる刺激を受けたためにショックを受けている期間で，体温低下，血圧低下，血糖値低下，神経活動の抑制がみられる．ストレッサーがあまりにも強すぎる場合には，そのまま死に至る場合さえある．その後，生体はショックから立ち直り，反ショック相に入ると，ストレッサーに対して抵抗を示すようになり，抵抗力が次第に高まっていく．ここでは，体温，血圧，血糖値が上昇し，神経活動も促進傾向になり，筋緊張の増加などもみられるようになる．さらに，ストレッサーによる刺激が持続すると，抵抗期（resistance stage）に入る．持続するストレッサーに対して生体側の抵抗力が一定の水準を維持し，ストレッサーに対して安定した反応を示すのがこの時期の特徴である．さらに，ストレッサーによる刺激が持続すると，生体はもはや一定の抵抗力を維持させることができなくなり，抵抗力は低下の一途をたどるようになる．これが疲憊期（exhaustion stage）であり，警告反応期のショック相とよく似た反応がとられる．ストレス反応が生じた場合には，網様体への刺激が増加して，自律神経系の機能が亢進し，心拍数，血圧，血糖値，基礎代謝量が増加する．持続的なストレス状態は，心血管系の障害や

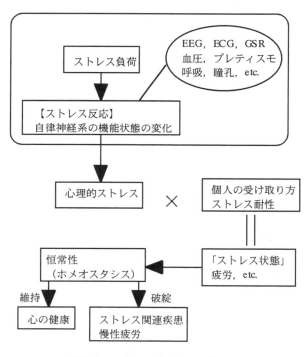

図9.6 ストレス発現のモデル

胃潰瘍などの疾病の原因となり，これらはストレス反応の結果もたらされた不適応症状である．ストレスは我々の生活の一部であり，ストレスを避けて通ることはできない．適切な方法でストレスに対処することは我々人間のみならず生命体にとって，生きていくための必要条件である．外的刺激（ストレッサー）によって生じる体内諸器官のストレス反応を表9.3にまとめておく．緊張状態では交感神経が優位に，安静（休息）状態では，副交感神経が優位に，リラックスした状態では，交感神経と副交感神経がうまい具合にバランスしている．ストレス状態が持続して，これにうまく対処（coping）できない場合には，交感神経系と副交感神経系がうまい具合にバランスできなくなる．

　ストレッサーは，生物学的ストレッサー（カビ，細菌，ウィルスなど），物理的ストレッサー（音，振動，温熱など），化学的ストレッサー（酒，一酸化炭素，排気ガス，臭気，ニコチン，タール，ほこりなど），社会的ストレッサー（職場・社会・家庭での出来事など），心理的ストレッサー（不安，心配，怒り，いらだち，悲しみ，緊張など）に大別できる．これらのストレッサーが引き金となって生体のホメオスタシス（恒常性維持機能）が乱されるが，うまい具合に状況に適応して，この機能を維持している限りにおいては，心身の健康は維持される．しかし，この恒常性維持機能がいったん破綻をきたすと，神経症，高血圧症，消化性潰瘍などのストレス関連疾患が生じる．ストレッサーに対処しきれずに恒常性維持機能が乱れた場合には，自律神経緊張傾向になり，アドレナリン，ノルアドレナリン，副腎皮質ホルモンの分泌が促進され，心理的な不安や焦燥感が生じる．上記の5つのストレッサーのうち心理的ストレッサー以外のものは，それに気づくことによってすべて心理的ストレッサーになる．また，これらのストレッサーは単一で生体側に作用するのではなく，いくつかのものが重なり合っている場合が多い．ストレス状態は，ストレッサーの状況やストレス耐性，人生観，価値観，性格などのストレッサーに対する自身の受け取り方によって決定されると考えることができる．表9.4に示すように，ストレス反応時には，交感神経系が優位になり，筋肉が緊張し，心臓や身体各部への血液流入量が増加し，呼吸が浅く，速く，不規則になり，心拍，血圧は上昇し，血流が悪くなる．一方，リラックス反応時には，これとは逆の現象が観察される．

　"ストレス"という用語が日常的に使われる頻度が高くなるにつれて，その意味の理解はあいまいになってきている．その一方で，社会心理的なストレスの現象に関する概念は，いくぶん明確にされつつある．すなわち，仕事もしくは職務の要求水準とそれへの対処（coping）能力との間のギャップによって誘発される情動状態として，職場のストレス（occupational stress）を定義できる．すなわち，職場のストレスとは，主観的なものであり，各人の職場での作業要求水準への対処能力のなさの認知の程度に依存する．ストレス状況は，情動的なマイナスのものであり，不安，緊張，心配，抑うつ，活力の欠如，困惑などの不愉快な感情との関連性が高い．職場では，一般に次のような項目がストレスの原因となり得る．

　1．仕事や職務に対する責任や裁量権のもたされかた．

　2．社会的なサポートの有無．

　3．職務への不満．

　4．業務成績の要求や締切り．

　5．職務保証がないこと．

　6．職務上の責任（部下の生命の安全などに対する責任）．

　7．騒音，照明，温湿度，職場のスペースなどの物理的環境の悪さ．

8．仕事や職務の難しさ．

　疲労との関連も含めて，ストレス発現のモデルを図9.6にまとめておく．ストレッサーまたは作業が負荷されることによって，負担，すなわちストレス反応が生じる．ストレス反応は，ECG，EEG，血圧，瞳孔反応に基づいてとらえられる可能性がある．これには個人差などが関与してくるが，ストレス反応が心理的ストレスを生起させ，個人の受け取り方やストレス耐性によってストレス状態が規定される．ストレス状態の1つの症状として疲労を定義できる．ストレス状態に対して恒常性維持機能がうまく機能して，適切な対処ができれば，心身の健康が維持される．恒常性維持機能が破綻した場合には，ストレス関連疾患や慢性疲労に陥る．

　また，JIS Z 8502-1994「人間工学－精神的作業負荷に関する原則－用語及び定義」に基づいて，疲労，負担，ストレスの考え方について整理しておく．この規格は，ISO 6385:1981(Ergonomic principles related to mental work-load－General terms and definition)を翻訳したものである．"精神的"の意味は，人間の認知情報処理過程全般（詳細に関しては，第5章「認知科学の基礎」を参照）を表し，当然のことながら，情動的な側面も含まれる．精神的作業負荷によって精神的作業負担がもたらされると考えており，本章で述べた負荷と負担の関係にほぼ一致する．ここでは，精神的作業負荷はmental stress，精神的作業負担はmental strainとなっているが，これは機械工学で用いられていたstress－strain（応力－歪み）の関係に準じている．これは，前述のストレッサー（stressor：原因）－ストレス（stress：結果）の関係と同じである．身体的活動が主な場合であっても，我々は少なからず精神的負担も負わされることになる．精神的負荷（本書の言葉では，ストレス負荷またはストレッサーとも表現可能であろう）によって，精神的負担が生じる．これが，まさに本書で表現したストレス反応であろう．精神的負荷によって生じる精神的負担は，個人の特性（耐性，現在の状況，健康状態や情動的状態，心構えや自信の程度，さらには対処（coping）の能力など）によって変わってくるとしているが，この点も本書の図9.6のモデルに一致する．精神的な負担には，図9.6でいう疲労，さらにはストレス関連疾患などのようなネガティブなものばかりではなく，ウォーミングアップ効果や練習（学習）効果などのポジティブなものも存在することに注意せねばならない．ウォーミングアップ効果（warming-up effect）とは，ある活動を始めた後に，当初に要した努力に比べて，その活動を行うのに必要な努力が少なくてすむような影響をさす．以上のことを整理した結果が，図9.7としてまとめられている．

9.2　テクノストレス

　テクノストレス（technostress）とは，職場へのコンピュータなどの導入によってもたらされたストレス症状の総称であり，C.Brod(1984)[99]によって提唱された．この症状には，大きく分けてテクノ不安症とテクノ依存症の2つが存在する．OA化の進展とともに人間の思考や行動がコンピュータ技術との関連において形成され，規制されるようになってきている．コンピュータ作業従事者は，工場の流れ作業のラインにおける作業者と同様に仕事上の自由を束縛され，能率向上の圧力を感じる．これらの状況を背景として，OA作業特有の職場不適応症状であるテクノストレスが誘発される．より具体的には，職場の作業環境，勤務時間の割り振り（特に夜勤やシフトワーク），作業内容，VDTの使用を強要する作業形態などの種々の要因が重なり合って，第7章で述べた頸肩腕障害，腰痛，眼精疲労などの症状，さらにはテクノストレス症候群で代表される精神・神経系の障害が発現する．テクノ不安症とは，コンピュータから逃避しようとする兆候に代表され，コンピュータを自由に扱えず，コン

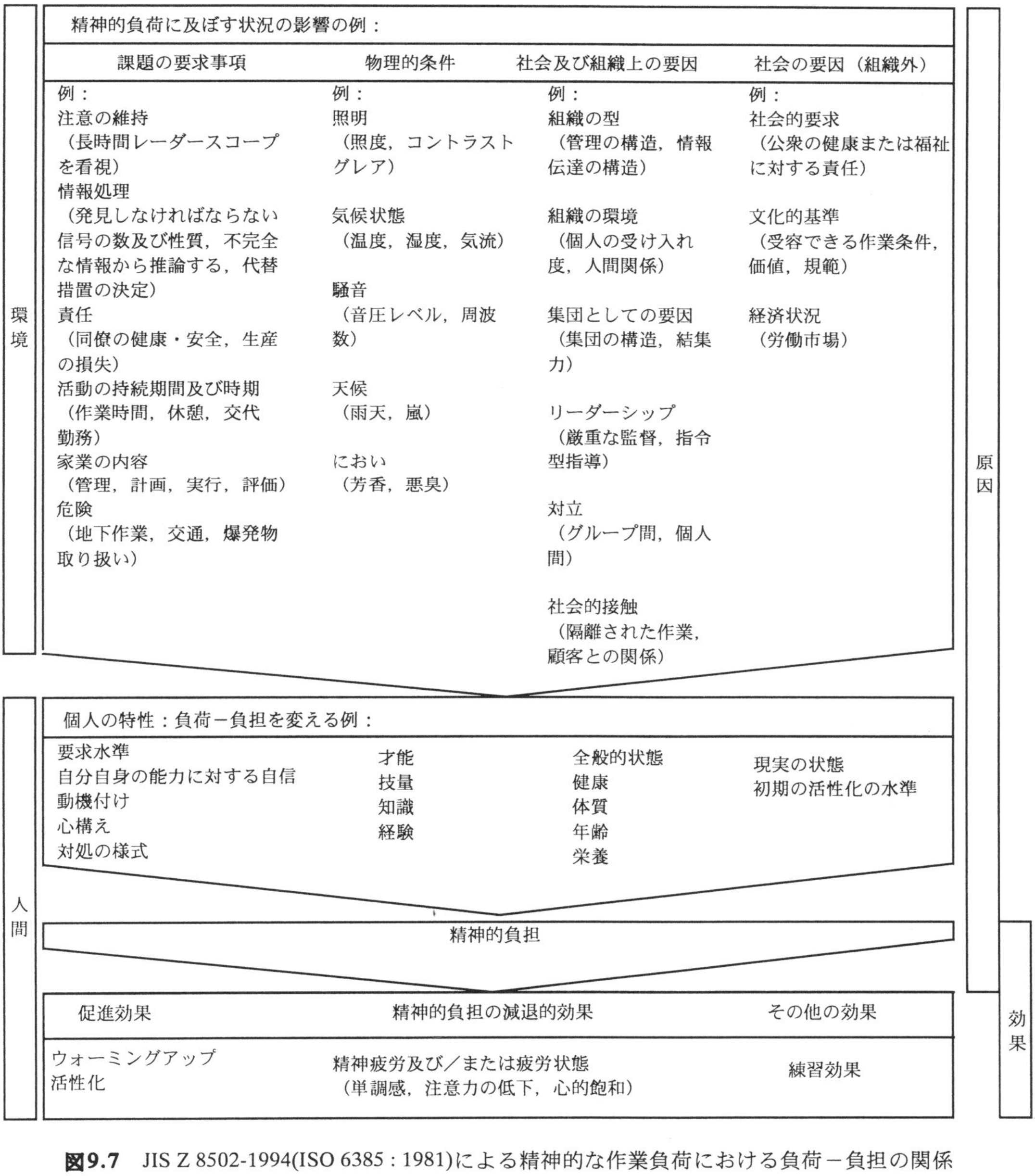

精神的負荷に及ぼす状況の影響の例：

課題の要求事項	物理的条件	社会及び組織上の要因	社会の要因（組織外）
例： 注意の維持 　（長時間レーダースコープを看視） 情報処理 　（発見しなければならない信号の数及び性質，不完全な情報から推論する，代替措置の決定） 責任 　（同僚の健康・安全，生産の損失） 活動の持続期間及び時期 　（作業時間，休憩，交代勤務） 家業の内容 　（管理，計画，実行，評価） 危険 　（地下作業，交通，爆発物取り扱い）	例： 照明 　（照度，コントラスト，グレア） 気候状態 　（温度，湿度，気流） 騒音 　（音圧レベル，周波数） 天候 　（雨天，嵐） におい 　（芳香，悪臭）	例： 組織の型 　（管理の構造，情報伝達の構造） 組織の環境 　（個人の受け入れ度，人間関係） 集団としての要因 　（集団の構造，結集力） リーダーシップ 　（厳重な監督，指令型指導） 対立 　（グループ間，個人間） 社会的接触 　（隔離された作業，顧客との関係）	例： 社会的要求 　（公衆の健康または福祉に対する責任） 文化的基準 　（受容できる作業条件，価値，規範） 経済状況 　（労働市場）

環境　原因

個人の特性：負荷－負担を変える例：

要求水準 自分自身の能力に対する自信 動機付け 心構え 対処の様式	才能 技量 知識 経験	全般的状態 健康 体質 年齢 栄養	現実の状態 初期の活性化の水準

精神的負担

人間

促進効果	精神的負担の減退的効果	その他の効果
ウォーミングアップ 活性化	精神疲労及び／または疲労状態 （単調感，注意力の低下，心的飽和）	練習効果

効果

図9.7　JIS Z 8502-1994(ISO 6385：1981)による精神的な作業負荷における負荷－負担の関係

表9.5　疲労の測定法

測定の分類	測定項目もしくは測定法
内部環境	血液（血中ホルモン，酸素量，水分量，赤血球数，血沈，血液比重） 体温，尿中代謝物量，発汗量
筋機能	握力，背筋力，筋電図
呼吸機能	呼吸数，呼吸量，呼気中の酸素と二酸化炭素の濃度，エネルギー代謝率
循環機能	心拍数，心電図，脈波，血圧
感覚機能	視力（静止視力，動体視力），瞬目（まばたき），平衡機能
精神・神経機能	フリッカー値，脳波，誘発脳波，皮膚電気活動
自律神経機能	瞳孔反応，心拍変動性
自覚的測定	疲労自覚症状，身体疲労部位
他覚的測定	作業量，作業の質，副次行動

表9.6　疲労自覚症状調べ

Ⅰ群		Ⅱ群		Ⅲ群	
1．頭がおもい		11．考えがまとまらない		21．頭がいたい	
2．全身がだるい		12．話しをするのがいやになる		22．肩がこる	
3．足がだるい		13．いらいらする		23．腰がいたい	
4．あくびがでる		14．気がちる		24．いき苦しい	
5．頭がぼんやりする		15．物事に熱心になれない		25．口がかわく	
6．ねむい		16．ちょっとしたことが思い出せない		26．声がかすれる	
7．目がつかれる		17．することに間違いが多くなる		27．目まいがする	
8．動作がぎこちなくなる		18．物事が気にかかる		28．まぶたや筋がピクピクする	
9．足もとがたよりない		19．きちんとしていられない		29．手足がふるえる	
10．横になりたい		20．根気がなくなる		30．気分がわるい	

表9.7　Mood Adjective Checklist(Mackayら(1978)[101])

緊張している （tense）	＋＋	＋	？	－
何か気がかりなことがある （worried）	＋＋	＋	？	－
不安な気持である （apprehensive）	＋＋	＋	？	－
悩んでいる （bothered）	＋＋	＋	？	－
落ち着かない （uneasy）	＋＋	＋	？	－
元気がない （dejected）	＋＋	＋	？	－
緊張している （up-tight）	＋＋	＋	？	－
いらいらする （jittery）	＋＋	＋	？	－
神経質になっている （nervous）	＋＋	＋	？	－
困っている （distressed）	＋＋	＋	？	－
恐れている （fearful）	＋＋	＋	？	－
平穏である （peaceful）	＋＋	＋	？	－
リラックスしている （relaxed）	＋＋	＋	？	－
元気いっぱいである （cheerful）	＋＋	＋	？	－
満足している （contented）	＋＋	＋	？	－
愉快である （pleasant）	＋＋	＋	？	－
快適である （comfortable）	＋＋	＋	？	－
落ち着いている （calm）	＋＋	＋	？	－
安らかである （restful）	＋＋	＋	？	－
活力に満ちあふれている （active）	＋＋	＋	？	－
精力的である （energetic）	＋＋	＋	？	－
生き生きとした （vigorous）	＋＋	＋	？	－
機敏である （alart）	＋＋	＋	？	－
はつらつとしている （lively）	＋＋	＋	？	－
活性化している （activated）	＋＋	＋	？	－
刺激がある （stimulated）	＋＋	＋	？	－
興奮している （aroused）	＋＋	＋	？	－
ねむい （drowsy）	＋＋	＋	？	－
疲れている （tired）	＋＋	＋	？	－
ぼんやりしている （idle）	＋＋	＋	？	－
のろのろしている （sluggish）	＋＋	＋	？	－
ねむい （sleepy）	＋＋	＋	？	－
ぼんやりしている （somnolent）	＋＋	＋	？	－
消極的な （passive）	＋＋	＋	？	－

表9.8 Holmesら（1967）[102]の社会的再適応尺度

生活上のできごと	ストレスの強さ
1．配偶者の死	100
2．離婚	73
3．夫婦の別居	65
4．刑務所などへの拘留	63
5．親近者の死	63
6．自身の怪我・病気	53
7．結婚	50
8．解雇	47
9．夫婦の和解	45
10．退職や引退	45
11．家族が健康を害する	44
12．妊娠	40
13．性生活の障害	39
14．家族のメンバーが増える	39
15．仕事面の再調整	39
16．経済状況の変化	38
17．親友の死	37
18．職種の変更または転職	36
19．夫婦の口論の回数の変化	35
20．1万ドル以上の借金	31
21．抵当流れまたは借金	30
22．仕事上の責任の変化	29
23．子供の独立	29
24．身内間のトラブル	29
25．優れた業績	28
26．妻の就職，復職，退職	26
27．復学または卒業	26
28．生活状況の変化	25
29．生活習慣を変える	24
30．上司とのトラブル	23
31．勤務時間や条件の変化	20
32．転居	20
33．学校生活の変化	20
34．レクリエーションの変化	19
35．教会（宗教）活動の変化	19
36．社会活動の変化	18
37．1万ドル以下の借金	17
38．睡眠習慣の変化	16
39．家族だんらんの回数の変化	15
40．食習慣の変化	15
41．休暇	13
42．クリスマス	12
43．軽い法律違反	11

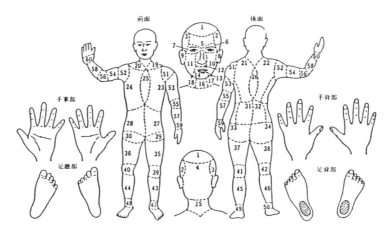

図9.8 身体疲労部位調査

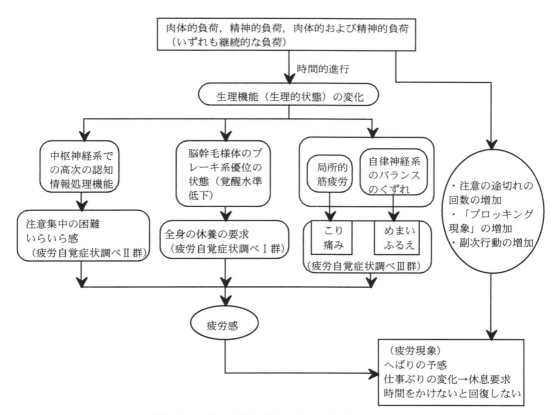

図9.9 疲労の計測と評価のための基本的な考え方

ピュータのただ単なる守役になってしまったという無力感，コンピュータ作業中のミスに対する不安，コンピュータへのなじみのなさや不信感などの症状を呈する．この症状は，コンピュータ作業から離れることによって回避でき，本人に自覚症状があるため，次に述べるテクノ依存症よりも扱いやすい．

表9.9　NASA-TLX

タイトル	エンドポイント	説明
全般的な負担	低い，高い	タスクに関連したトータルな作業負担．すべての原因を考慮する．
タスクの困難度	低い，高い	タスクが簡単か要求度が高いか，単純か複雑か，厳しいかゆるいか．
時間的なプレッシャー	なし，せかされている	タスクによって要求される速度によってもたらされるプレッシャー，タスクをゆっくりしたペースで楽しく行えるか，それともハイペースでぴりぴりしながら行わねばならないか．
パフォーマンス	だめ，完全	要求事項をどれだけこなせたか，自身が達成したことにどれだけ満足しているか．
精神的／感覚的な努力	なし，不可能	タスクで要求される精神的／感覚的な活動の量（思考，意思決定，計算，想起，見る，検索するなど）．
身体的努力	なし，不可能	要求される身体的な活動量（押す，引く，回転させる，コントロールする，活性化するなど）．
フラストレーション	多い，腹立たしい	どの程度不安を感じ，落胆し，いらいらし，困惑しているか，もしくは安心し，満足しているか．
ストレス	リラックス，非常に高い	いかに不安で，心配で，緊張しているか，もしくは落ち着いて，静かで，リラックスしているか．
疲労	疲労困憊，機敏	いかに疲れて消耗し困憊しているか，もしくは活発で元気でエネルギッシュか．
活動のタイプ	スキルベース，ルールベース，知識ベース	ルーチン的なタスクに対して機械的な反応をする，既知のルールを適用する必要があるタスクか，もしくは問題解決や意思決定などを必要とするか．

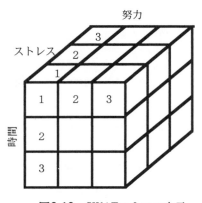

図9.10　SWATの3つの次元

表9.10　SWAT

時間的負荷	1. 空き時間が頻繁に生じ，中断はほとんど生じない． 2. 空き時間がたまに生じ，中断も頻繁に生じる． 3. 空き時間はほとんどない．中断が常に生じる．
精神的努力	1. 精神的努力や集中がほとんど必要ない．活動はほとんど自動的であり，注意をほとんど要しない． 2. 適度な精神的努力や集中を必要とする．不確実性，非予測性，非熟知性のために活動の複雑さは適度に高く，かなりの注意が必要である． 3. 極度の精神的努力と集中を必要とする．活動が非常に複雑で全体に相当な注意を払う必要がある．
心理的ストレス	1. 混乱，危険，フラストレーション，不安がほとんどなく，容易に適応できる． 2. 混乱，フラストレーション，不安によるストレスが適度に生じ，負担が高まる． 3. 混乱，フラストレーション，不安による高いもしくは極度なストレスが生じる．高度の，もしくは極度の意思決定またはセルフコントロールが必要になる．

　テクノ依存症は，以下のような特徴を有し，テクノ不安症のような自覚症状が全く認められない．これに陥った作業者は，ひたすら当面の仕事に神経を集中し，できる限り高い作業効率を維持しようと努力を続ける．彼らは，自分の生活を自由にコントロールでき，決断も自由に下せるという印象を周囲に与えようとする．しかし，実際にはコンピュータ技術を征服したい欲望にかられて，無理をして自分自身の症状に気づかないまま，大局的かつ創造的見地から物事を判断できなくなっている．テクノ依存症の症状として，以下のものをあげることができる．合理的で筋が通っていて秩序的であるが，人間的な次元を完全に排除してしまう．感情を明確に表現しなくなり，人と接することを避けるようになる．特定の欲望を認識しようとはせず，かえってこのために自身は万能であるという意識を高めてしまう．創造的な能力を知らず知らずのうちに失ってしまっているために，融通性，臨機応変性，主体性を失ってしまっている．また，邪魔をされることをひどく嫌うようになり，粗暴な行動が目立つようになる．コンピュータ技術の進歩とともにコンピュータの処理速度が速くなり，見かけ上の時間が加速するために，コンピュータの反応時間の遅さにいらいら感を覚えるようになる．精神医学的には，うつ病や心身症，神経症などと診断されるケースが大半である．

　テクノストレス症候群の実際の事例について触れておく（河野(1987)[100]より）．大手コンピュータ会社の優秀な技術者Kさん（32歳）は，頭痛，目の痛みなどのVDT症候群，意欲や気力の低下を訴えていた．Kさんは，凝り性かつ几帳面で，完全癖があった．原因がなかなかわからなかったが，精神科で診断の結果，テクノ依存症のため，上記の症状が出現したことが明らかになり，3か月ほど休暇をとって，音楽療法とヨガ，自律訓練法によって，症状がなくなり，健康状態を取り戻すことができたそうである．テクノストレス症候群以外にも，職場への不適応によるストレス症候群として，出社拒否症，OA症候群，マネージャー病，休日恐怖症，バーンアウト症候群など様々なものをあげることができるが，これらの症候群の多さからもストレス・マネッジメントの重要性を再認識できる．

9.3 疲労，ストレスの測定法

　機能別にみた疲労の測定法を表9.5にまとめておく．疲労の評価のための生理・心理的な機能検査法は，エネルギー代謝率，フリッカー検査，筋電図，心拍数，脳波，GSR（皮膚電気活動），血液中の生化学的変化などである．アドレナリンやノルアドレナリンの分泌量が，疲労現象の進行とともに減少する．主観的な疲労の評価法としては，疲労自覚症状調べ，身体疲労部位調査，作業意欲に関する調査などである．また，他覚的な疲労評価法としては，作業量，1作業あたりの所用時間とその変動，ミスの発生回数，副次行動などである．日本産業衛生学会産業疲労研究会編の疲労自覚症状調べを表9.6に，身体疲労部位調査の概要を図9.8に示しておく．長時間筋肉労働したり，同一姿勢を保持し続けていると身体に局所的な痛みを感じてくる．腕や手，肩，腰など身体の部位に局在する疲れ，こり，痛み，だるさなどの感じられる部位を調査するための質問紙法の1つが身体疲労部位調査である．この調査では，訴えの変化を時間を追って観察していく．VDT作業などでは，肩こり，背中の痛みなどの局所的な筋疲労に関する訴えが高いが，これらの局所筋疲労が回復しないままにさらに作業を継続すると手首の痛みなども生じることがあるため，各部位の訴え率とともに，その訴えの広がりにも注意して経過を観察していく必要がある．疲労自覚症状調べは，ねむけとだるさを表すⅠ群，注意集中の困難を表すⅡ群，身体の局在した違和感を表すⅢ群からなり，各群は10項目の質問から構成されている．各質問項目に該当する場合には○を，該当しない場合には×をつける．この調査でも，訴えの変化を時間を追って観察していく．Ⅰ群は，大脳新皮質の活動水準を表し，第8章の図8.3における脳幹網様体のブレーキ系が優位な場合には覚醒水準が低下し，アクセル系が優位な場合には覚醒水準が高くなる．Ⅱ群は，中枢神経系（大脳新皮質）の高次の認知情報処理機能に対応し，これが十分に機能していない場合には，「考えがまとまらない」，「話しをするのがいやになる」など注意集中の困難を表す症状の訴えが高くなる．Ⅲ群は頭がいたい，肩がこるなどの局所の痛みと口がかわく，めまいがする，気分がわるいなどの自律神経系の症状を代表するものである．特に，Ⅰ群とⅡ群の2つが疲労感を代表する2つの側面であると考えられている（小木（1994）[98]）．仕事のタイプによって，各群の訴えられ方が異なることが報告されており，疲労自覚症状調べに基づく疲労感の調査によって，疲労のある側面をとらえることが可能であると示唆される．一般の生産現場では，作業時間の経過とともにⅡ＜Ⅲ＜Ⅰの順に訴え率が高くなってくる．タクシードライバー，航空管制官，工場のオペレータなどではⅢ＜Ⅱ＜Ⅰの順に訴え率が高くなり，一般の生産現場とは異なった疲労の様相を呈する．

　疲労感の変化，生理状態の変化，他覚的側面の変化などを総合的に考慮した疲労のとらえかたについて考察を加えておく．疲労は，小木（1994）[98]の指摘するように日常生活において起こっている現象であり，これと生活行動上の変化，生理的変化，疲労感などの心理的変化をうまい具合に対応させれば，必ず理解（把握して，適切な対策を講じることが）できるものと考えられる．ここで，前述の通り休息要求に基づく変化を重視していかねばならないことはいうまでもない．また，生理的機能の低下だけから疲労を評価しようとしても，疲労の程度に十分に対応しないことのほうが多いことにも十分に留意しておく必要がある．すなわち，生理状態の変化がそのまま疲労感，休息の要求，仕事の持久が困難になった感覚などの形で現れるとは限らない．図9.9に疲労をとらえる場合の基本的な考え方を整理しておく．

　社会心理的なストレス測定手法について述べ，次にストレス反応を生理的に計測する手法について触れることにする．疲労と同様に，ストレス測定のための絶対的な方法は存在しない．職場でのスト

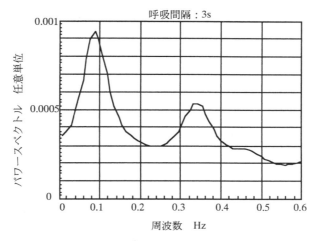

図9.11　R-R間隔のゆらぎのパワースペクトル（呼吸間隔：3s）

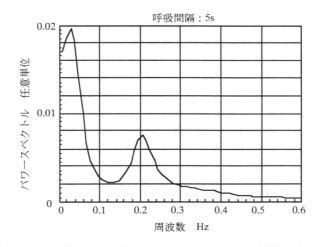

図9.12　R-R間隔のゆらぎのパワースペクトル（呼吸間隔：5s）

レス測定は，個人の心理的な状態に焦点をあてている．このためには，まず職場での状況に関連した情動的な経験またはムードに関する質問をする．社会心理的なストレス測定手法は，2つのタイプに分けられる．その1つは，現在の気分を質問し，それを定量化するMood Adjective Checklistと呼ばれるものである，Mackayら(1978)[101]のチェックリストが有名である．もう1つは，職場などでのストレスを誘発する要因を定量化し，ある点数以上になるとストレスを誘発しやすい状態になるなどと判断していく方法である．以上のように，各人の気分に関する種々の側面から現在のストレス状態を測定しようとする観点と各人が経験したストレッサー要因の定量化に基づいてストレス状態を予測する観点に分けられるが，それぞれ短所と長所を有しており，調査対象の種類・特性などに応じてどちらの手法を用いるか慎重に決めていく必要がある．表9.7にMackayら(1978)[101]のチェックリストを，表9.8にHolmesら(1967)[102]の社会的再適応尺度を示す．表9.7の++は完全に該当する場合，+はある程度該当する場合，?はどちらともいえない場合をさす．また，表9.8は30年以上前に提案されたものであり，時代背景，文化，国民性などを考慮して適宜変更していく必要がある．精神的作業負担の心理評価法として

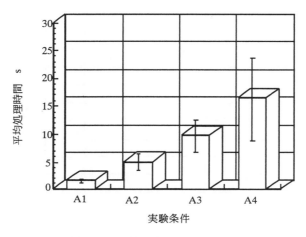

図9.13 実験条件間での平均処理時間の比較

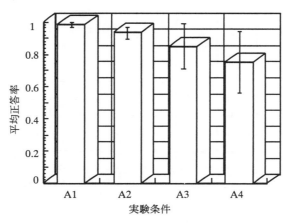

図9.14 実験条件間での平均正答率の比較

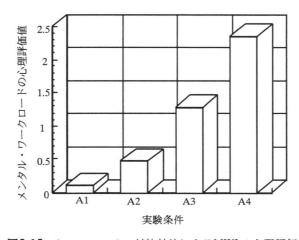

図9.15 シェッフェの一対比較法によるMWLの心理評価結果

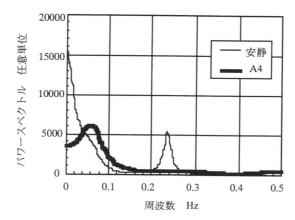

図9.16 安静条件とA4でのパワースペクトル

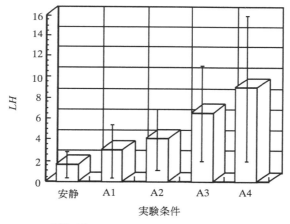

図9.17 *LH*によるMWLの評価結果

有名なNASA-TLX(NASA-Task Load Index)[103]とSWAT(Subjective Workload Assessment Technique)[103]をそれぞれ表9.9と表9.10に示す．SWATは，図9.10に示すように時間，ストレス，努力の３次元的な観点から，精神的作業負担の主観的評価を行う．

　ストレスの起こりやすさを判断するためには，自律神経系の機能を客観的に示す生理現象を調べればよい．すなわち，視床下部－自律神経系のストレス準備状態によって，ストレス反応の起こりやすさが異なる．緊張状態では，自律神経系の交感神経系が優位に働き，休息状態では副交感神経系が優位に，リラックス状態では交感神経系と副交感神経系の機能がうまい具合にバランスしている．これを生理指標によってとらえるわけである．例えば，ストレスの原因となる事象をよい方向に転換できる人は，音・光などに対する皮膚電気反応（GSR）の慣れが速く起きると考えられており，横臥時と立位時の最高血圧の差が大きい人ほどストレス反応を起こしやすいともいわれている（平井(1989)[104]）．交感神経優位時には瞳孔は散大し，血管は収縮し，心臓機能は亢進し，副腎からアドレナリン，ノルアドレナリンの分泌が促進されるなどの生理的変化が観察される．一方，副交感神経優位時には，瞳

孔縮小，心臓機能の抑制，糖尿分泌などの生理的変化が生じる．ストレスの測定手法は，尿中のアドレナリン分泌量などの生化学的なものと脳波，血圧，皮膚電気反応，心電図などの生理心理的な指標に分類されるが，前述のようにこれらの指標によってストレスを完全に把握できるわけではないことに留意せねばならない．これらの手法によって得られたデータは，複雑な要因が絡み合って発現するストレスの一側面しかとらえておらず，様々なものを総合的に加味して体系的にアプローチしていく必要がある．

　ここで，Friedmanら（1959）[105]によって提案されたA型行動特性と心臓疾患との関連についてまとめておく．A型行動特性とは，例えば次のような行動パターンをさす（保坂（1990）[106]）．ただし，このようなパターンは永続的に見られるとは限らず，ある状況に置かれた場合にはだれしも一時的にはこのような行動パターンをとることはある．このようなパターンをとる頻度が多い場合に，A型行動特性と分類されるが，このパターンは自身で変えていくことが可能である．A型行動特性パターンは，質問紙またはインタビューによって判定されるが，インタビューによる判定のほうが正確である．

- おこりっぽく，職場や家庭で怒鳴ることが多い．
- 競争心が強く，負けると非常に悔しいと思う．
- 車で追い抜かれたらすぐに追い抜き返そうとする．
- いつも時間に追われた感じで，せかせかした行動が多い．
- 一列になって並んで待つことができない．
- 前を走っている車が遅いときにはいらいらする．
- 貧乏ゆすりのように，いらいらした感じのくせがある．
- 相手の話し方が遅いときなどには，相づちをうって話しをせかせることが多い．
- 食事のスピードが他の人よりもかなり速い．
- 限られた時間で，できるだけ多くのことを成し遂げようとする気持が強い．
- 仕事量が多いことが自慢である．
- 待ち合わせ時間は必ず守り，相手が遅れてくることも許せない．
- 食事をしながら仕事を続けるなど，2つ以上のことを並行してすることが多い．
- 自分や他人の仕事を質よりも量で評価したがる．
- 何もしないでリラックスしていることに罪悪感を感じる．
- 仕事を早くはかどらせるために，朝早くから夜遅くまで職場にいる．
- 昼食後も一休みしないで，すぐに仕事にとりかかる．
- 仕事でも余暇でも挑戦的なことが好きである．
- 仕事に生きがいをもち，趣味はあまりない．
- 今の仕事が自分にぴったり合っていると思い込んでいる．
- 仕事上の責任感が非常に強い．
- 休日出勤など，仕事のために家庭を犠牲にすることが多い．

　A型行動パターンが注目されるようになったのは，この行動パターンをとる人間ほど虚血性心疾患に発症する率が高いことが報告されたためである．そこで，A型行動パターンと自律神経系との関わりについて考えていくことにする．我々の心の状態は，絶えず身体の状態として反映されており，情動と身体の関係は切っても切れないようになっている．すなわち，行動パターンの違いが，身体の状態を

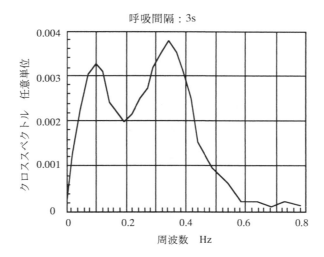

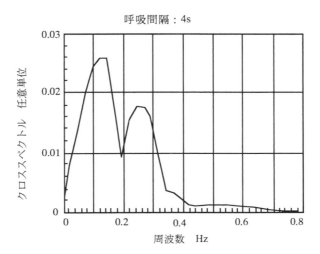

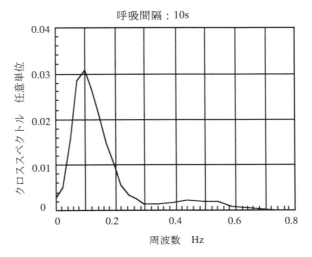

図9.18　R-R間隔と瞳孔のゆらぎのリズムのクロスパワースペクトル

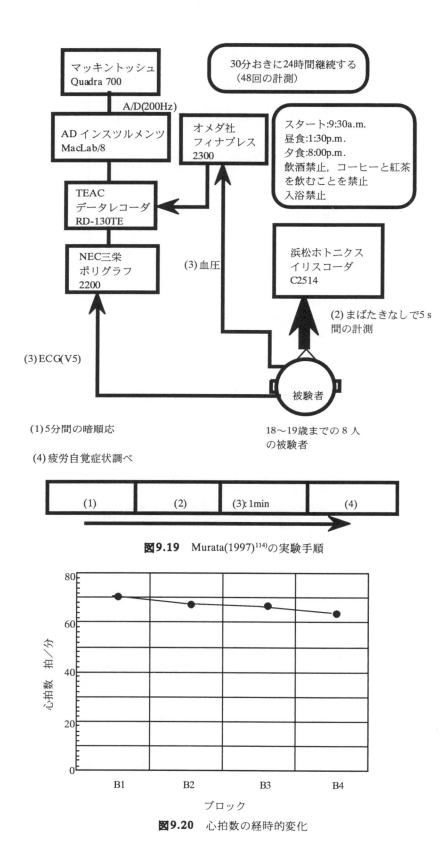

図9.19　Murata(1997)[114]の実験手順

図9.20　心拍数の経時的変化

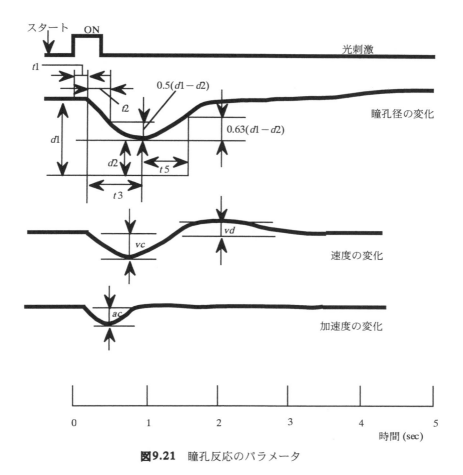

図9.21 瞳孔反応のパラメータ

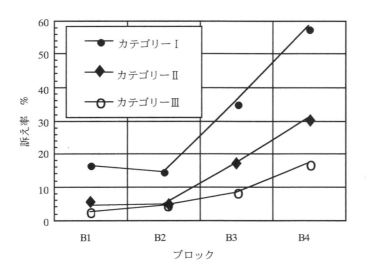

図9.22 疲労自覚症状調べの経時的変化

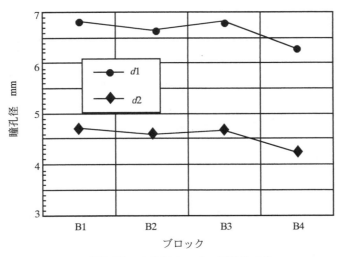

図9.23 瞳孔径$d1$，$d2$の経時的変化

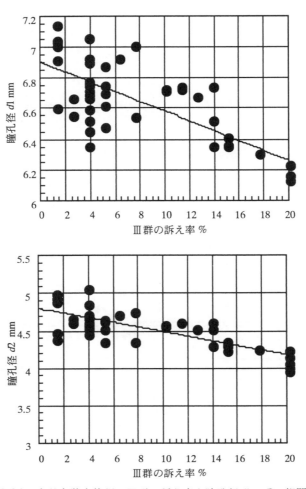

図9.24 疲労自覚症状調べⅢ群の訴え率と瞳孔径$d1$，$d2$の相関関係

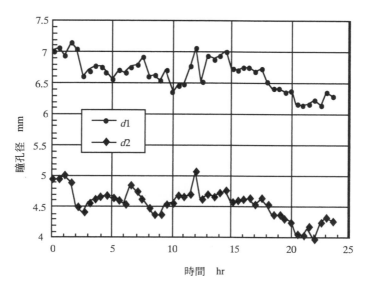

図9.25　瞳孔径*d1*，*d2*の48個のデータの経時的変化（日内変動）

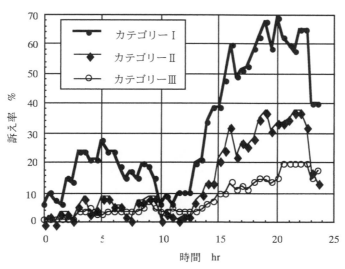

図9.26　疲労自覚症状調べの各群の訴え率の48個のデータの経時的変化（日内変動）

表9.11　*d1*，*d2*，心拍数と疲労自覚症状調べの各群の訴え率の相関係数

	カテゴリーⅠ	カテゴリーⅡ	カテゴリーⅢ
d1	0.756	0.685	0.748
d2	0.734	0.762	0.776
心拍数	0.589	0.614	0.674

左右すると考えられる．前述のように，自律神経系によって我々の心臓の働きなどがコントロールされている．激しい運動をしているときや精神的に強く興奮しているときは，交感神経系の活動によって心臓が強く刺激されるために，脈拍数が増加し（一拍ごとの時間間隔が短くなり），心臓全体が興奮して不安定な状態になり，危険な不整脈が生まれやすくなる．この場合，副交感神経系の働きによって，心臓の興奮が抑えられる．副交感神経系は，脈拍数を一拍ごとに細かく修正するような速いコントロールが可能であるが，交感神経はこのようなことは不可能である．10sよりもゆったりとしたコントロールは，交感神経系と副交感神経系の両方によって司られる．1つは呼吸に一致した呼吸性不整脈（respiratory sinus arrthymia）と呼ばれるリズムであり，もう1つは血圧性変動もしくはMayer波と呼ばれる10秒周期のリズムである．このほかにも，体温調節性のリズムが存在することも指摘されている．呼吸性変動と血圧性変動のリズムのうち，呼吸性変動のリズムの大きさが副交感神経活動と密接に関連していることが明らかにされている．吸気状態では，心臓への副交感神経系の活動はほぼ完全に遮断されるため，瞬時心拍数は上昇する．呼気状態では，副交感神経系の活動が再開され，瞬時心拍数は減少し，元のレベルに戻る．したがって，吸気状態と呼気状態での瞬時心拍数の差が副交感神経系の活動レベルを反映すると考えられる．交感神経系の過剰な活動が，心室細動などの不整脈の大きな原因になるが，副交感神経の機能が低下した状態も不整脈につながることが明らかにされた．ただし，副交感神経系が十分に機能している場合はこの限りではない．副交感神経系の機能低下は，冠動脈疾患との関連が高いことも指摘されている．A型行動パターンを示す人の場合には，ストレス負荷（精神的作業負荷）に対する交感神経系の反応が過敏で，心臓がいつも強い刺激にさらされている．また，安静状態での副交感神経系の機能低下が低下し，呼吸性変動成分の減少が指摘されている．以上のことから，A型行動特性をもった人は，十分に注意する必要があり，行動特性を改めていく必要があるだろう．

9.4　疲労，ストレスの評価

　ここでは心電図より得られるR-R間隔のゆらぎのリズムに基づく精神的な作業負担（mental workload: MWL）やストレスの評価法について述べる．次に，同様の評価が瞳孔面積や瞳孔系のゆらぎのリズムに基づいても可能になることを示す．最後に，瞳孔反応，血圧，心拍数，疲労自覚症状調べなどに基づく，疲労の評価法について検討していくことにする．

　R-R間隔の統計処理やスペクトル解析に基づいて，精神的な作業負担を評価する試みについて紹介する．自律神経系の活動を反映する別の生理指標として，R-R間隔のゆらぎが知られており，そこには呼吸性の変動成分，血圧性の変動成分，体温調節性の変動成分の3つが含まれていることが明らかにされている．R-R間隔の変動すなわち心拍変動性（Heart Rate Variability:HRV）に基づく，人間の精神的作業負担（メンタル・ワークロード）の評価が盛んに行われている．R-R間隔のゆらぎのパワースペクトルには，図9.11や図9.12に示すように2つのリズムが存在し，周波数の高いほうが呼吸性の変動成分，低いほうが血圧性の変動成分を表す．両者ともに一定の呼吸間隔で呼吸をした場合のパワースペクトルを表している．両者のスペクトルの成分の比率に基づいて，MWLが評価できることが明らかにされている．低周波成分をLF，高周波成分をHFとすれば，その比率LH（$=LF／HF$）の値が，安静時に比べて精神的作業負荷時に大きくなることが示された．例えば，村田（1993）[107]，Murata（1994）[108]では，安静時と作業負荷レベルA1からA4までの5種類の条件でのR-R間隔を5分間ずつ測定し，心拍R-

R間隔のスペクトル解析結果から得られる*LH*に基づいて，メンタル・ワークロードすなわち精神的作業負担の評価を試みた．ここでは，2つの数値の加算作業を用いて，作業負荷レベルは数値の桁数を変えることによって変化させた．4種類の作業負荷レベルでメンタル・ワークロードの様相が異なるのは，図9.13と図9.14に示すパフォーマンスのデータからもうかがえる．また，図9.15は，4つの作業負荷レベルに対する間隔尺度構成を行い，心理評価結果をまとめたものである．この図からも，A1からA4で異なる精神的な作業負担が誘発されていることがわかる．自己回帰モデルによるパワースペクトル解析の結果の例を図9.16に示す．安静時には，前述の通りパワースペクトルには呼吸変動と血圧変動の成分を表す2つのピークが存在する．一方，作業負荷レベルA4では，呼吸性の変動成分に対応するピークが消失している．0.1Hz付近のピークに関しては安静時よりもいくぶん大きくなっている．これは，精神的作業負荷によって交換神経系の働きが促進し，副交感神経系の活動が低下することにより，呼吸性不整脈が減少したことを顕著に表している．*LH*に基づいて，MWLを評価した結果を図9.17に示す．*LH*によって精神的作業負担の定量的な評価が可能になることがわかる．ただし，R-R間隔のゆらぎのリズムには，呼吸周波数が大きな影響を及ぼすため（例えば，村田（1991）[109]を参照），MWLの評価では呼吸周波数のモニターを行い，十分に注意を払う必要がある．呼吸周波数帯域が血圧性変動成分の付近にある場合も見られるため，ここでは引き込み現象（Kitney（1987）[110]）のため，両者の影響を分離して考えることができなくなる．したがって，両者の影響を分離して考えるための非線形モデルの構築が今後の課題になるだろう．さらに，MWLの定量的評価においては，個人の反応特異性を十分に考慮した上で，1つの指標のみではなく，多数の指標による総合評価を試みる必要がある．心拍変動性指標によるより実際的な場面での精神的な作業負担評価の試みが，村田（1994）[111]によって行われており，ここではロボットの直接制御と監視作業における精神的な作業負担の様相の違いを心拍変動性指標によって評価可能であることが示唆されている．

　同様のことが，瞳孔面積のゆらぎのリズムに基づいても可能であることが明らかにされた（村田（1996）[112]）．瞳孔は自律神経系の活動を反映することはよく知られており，光，精神活動，情動などの影響を受けて変化する．ここでは，瞳孔面積のゆらぎとR-R間隔のゆらぎの関連性を検討した．被験者は，19歳から30歳までの健常で心血管系に障害のない男性10名を対象とした．瞳孔面積の測定には，NIDEK製アコモドメータAA-2000とイリスコーダIC-1100を用いた．瞳孔面積は，サンプリング間隔80msで計測し，A/D変換器（コンテック製AD12-8R(98)）を介してNEC製パーソナルコンピュータPC9801RＡ2にデジタル・データとして転送した．心電図と呼吸曲線の計測には，日本電気三栄製ポリグラフEE2200を用いた．呼吸周波数を30cpm（cycle per minute），20cpm，15cpm，12cpm，6cpmとして呼吸統制を実施した．各呼吸条件でのデータ計測に入る前に，これらの条件に適応するための期間を設け，指定された条件で呼吸が行われていると実験者が判断した時点で実験に入った．呼吸の深さは，平常の呼吸とほぼ同等になるように被験者に調整させた．各呼吸周波数で呼吸中の瞳孔面積を10秒間計測し，同時に，ECGも計測した．ただし，ECGと呼吸曲線の計測は，瞳孔面積計測の10秒間の前後30秒ずつも含めて計1分10秒間計測した．

　瞳孔面積の計測時間帯に相当する10秒間のR-R間隔データを取り出して，80msのサンプリング間隔で，線形補間し，データ数を125個にした．125個の瞳孔面積とR-R間隔のゆらぎのデータから，クロスパワースペクトル（日野（1983）[113]）を各呼吸条件ごとに求めた．図9.18に呼吸間隔が3，4，10秒の場合の瞳孔面積とR-R間隔のクロスパワースペクトルの例を示す．呼吸周波数0.33Hz，0.25Hzでは，呼

吸周波数帯域と血圧性変動成分（0.1Hz付近）に相当する部分に２つのピークが認められた．瞳孔面積のゆらぎのリズムにも，R-R間隔のゆらぎのリズムと同様に，交感神経系と副交感神経系の機能を反映する２つのピークが存在することが明らかになった．一方，0.1Hzの呼吸周波数では，これまでにR-R間隔のスペクトル解析結果から明らかにされているように0.1Hz付近にのみクロススペクトルのピークが認められた．これは，呼吸性変動成分のピークが血圧変動性成分のピークに引き込まれたものと考えられる．瞳孔面積とR-R間隔のゆらぎには非常に高い関連性があることが示唆された．

　最後に，瞳孔系に基づく疲労の評価について述べておく．Murata(1997)[114]では，瞳孔反応（pupillary response），血圧，心拍数，疲労自覚症状調べ（表9.6に掲載）を30分おきに24時間にわたって計測し（午前９時30分から翌日の午前９時30分まで），これらのデータに基づく疲労の評価を試みた．瞳孔反応は，浜松ホトニクス製のイリスコーダーC2514，血圧はオメダ社のフィナプレス，心拍数は日本電気三栄製のEEG2000を用いて計測した．被験者は，19から20歳までの男子大学生８名である．大まかな実験手順を図9.19に示しておく．瞳孔反応のパラメータを図9.21に示す．24時間で得られた48個のデータを12個ごとに４つのブロックに分割して，ブロックを要因とする一元配置の分散分析によって，瞳孔反応，心拍数，血圧，疲労自覚症状調べのⅠ群，Ⅱ群，Ⅲ群の訴え率にブロック間で有意差が認められるかどうかを検討した．心拍数，疲労自覚症状調べⅠ群，Ⅱ群，Ⅲ群，瞳孔径$d1$，$d2$に関して有意差が認められた．これらの指標のブロック間の変化をそれぞれ図9.20，図9.22，図9.23に示す．ブロック４では，いずれの指標に関しても，ブロック１に比べて有意に低い値を示し，ここでは，いずれの被験者についても，疲労が誘発されていると推察される．瞳孔径$d1$，$d2$に関しては，ブロック３で一時的に値が増加したが，これは日内変動（diurnal variation, circadian rhythm）の影響によるものと考えられる．表9.11や図9.24に示すように，瞳孔径$d1$，$d2$と疲労自覚症状調べの各群の訴え率の間には，有意な負の相関が認められたが，数回の計測のみに基づく瞳孔径の減少から即，疲労が誘発されたと判断することはできない．48個のデータの時間的な変化を疲労自覚症状調べと$d1$，$d2$についてそれぞれ図9.25と図9.26に示す．例えば，瞳孔径に基づく疲労の評価を行う場合には，次のような方針が有効ではないかと考えられる．B4では，計測スタート時のB1に比べて，瞳孔径$d1$，$d2$は，10から15％減少することが明らかになった．この減少率を１つの目安として，日内変動の影響で値が増加するB3などで15％以上の径の低下が継続して続くようであれば，これを疲労の兆候と判断できるだろう．ただし，何個のデータに基づいて個の判断を下せばよいかに関しては，今後のさらなる研究が必要になるものと考えられる．

　また，脳波のスペクトル解析に基づく疲労の評価（Okogbaaら(1994)[115]），心拍変動性指標に基づく長距離トラック運転手の疲労の評価（Hartley ら(1994)[116]）などが試みられている．詳細に関してはそれぞれの文献を参照いただきたい．疲労の評価では，何個のデータの機能低下の傾向から疲労を評価すればよいかという問題や情動，精神状態などの要因，測定上のノイズとなる要因（例えば瞳孔反応では照明条件など）に十分に注意を払った慎重な評価が必要になる．人間とコンピュータもしくは機械のインタフェイスを考えていく上で，精神的（認知的）作業負荷によって誘発される疲労，負担，ストレスの問題は，重要な位置を占めることを，本章からご理解いただけたと思う．

第10章　ヒューマン・インタフェイス
の評価法

　本章ではヒューマン・インタフェイス設計の評価法について詳しく検討していく．実際に，設計されたシステムが所期の目的を達成できているかを評価することは，ヒューマン・インタフェイス設計で最も重要な部分であるといっても過言ではない．まず，ヒューマン・インタフェイス設計の結果を実験に基づいて評価する方法を説明する．次に，実験計画のための基本について述べ，引き続いて実験結果をいかに解析していくか，例を交えながら明らかにしていく．最後に，ヒューマン・インタフェイス設計のための評価項目について触れる．

10.1　実験に基づく評価
　1.7でも述べた通り，使いやすさ，効率（速さ，正確さ），学習の容易さなどの観点からヒューマン・インタフェイス設計を総合的に評価せねばならない．10.4以降で述べる評価シートによる総合的な評価も可能であるが，ここでは実験に基づくヒューマン・インタフェイス設計結果の評価法について述べる．

　まず，実験を計画する場合には，実験目的および仮説，実験条件（含むコントロール条件），実験変数（従属変数と独立変数），被験者，実験方法，実験結果の解析方法を慎重に検討しなければならない．実験変数の中の従属変数とは，例えば1サイクルの作業を完了するまでの時間などの測定データを意味する．独立変数とは，実験で操作される特性であり，例えばマウスの操作時間に影響するミッキー／ドット比，分解能，C/D比（Control/Display ratio）などがこれに相当する．また，初心者と熟練者の操作性を比較する場合には，被験者の熟練度が独立変数になる．独立変数は，実験因子とも呼ばれ，例えば分解能を100CPI，200CPI，400CPIの3つに設定したならば，実験因子（独立変数）の水準は3水準に，上記の熟練度の場合には実験因子の水準は2水準になる．

　実験計画においては，グループ間実験計画，グループ内実験計画，これら2つを混合した実験計画のいずれを用いるかの意思決定も重要である．グループ間実験計画（between subjects experimental design）とは，実験条件（独立変数）ごとに異なる被験者を割り当てるものである．この場合，1つの実験条件に各被験者は1つのスコアー（測定結果）のみを与えるため，順序効果や練習（学習）効果は全く出現しない．しかし，その反面，多くの被験者を必要とする．また，グループ内の差異がグループ間の差異よりも大きくなってしまう可能性が生じ，実験条件間の差異が認められなくなってしまう可能性がある．したがって，グループ間実験計画では，技能，年齢など実験成績に影響する要因を考慮して，被験者を選ぶ必要がある．グループ内実験計画（within subject experimental design）とは，すべての実験条件に同一の被験者を割り当てるものである．この場合には，グループ間実験計画とは

異なり，繰り返し効果，順序効果，練習（学習）効果などが出現する可能性があることに注意を払わねばならない．混合型とは，被験者間要因と被験者内要因を混合し，いくつかの実験条件には同一の被験者を，別の実験条件には異なる被験者を割り当てるものである．

さらに，実験では次の4つの項目に留意せねばならない．

(1)　実験因子が設定可能であること．

(2)　実験因子以外で結果に及ぼすと考えられる因子を実験者側でコントロールできること．

(3)　実験変数が測定可能であること．

(4)　仮説を立てることが可能であること．すなわち，仮説に基づいた予測が可能であること．

例えば認知科学の記憶の問題の1つである作動記憶（Working Memory：WM）に関しては，「情報を失わずに，活性化状態で情報を維持できる容量限界が存在する」という仮説を立てる．これに基づいて「あるアプリケーションの異なるモード間を移動する際には，作動記憶を必要とするインタフェイスでは，作動記憶の制約により作業能率が低下する．作動記憶を必要としないインタフェイスではむしろ作業能率が上昇する」という予測をすることが可能である．

例えば，ラベル付きアイコン，ラベルのみ，アイコンのどれが最もよいインタフェイス方式かを調べるための実験計画について考えてみることにする．この場合の実験因子は，ラベル付きアイコン，ラベルのみ，アイコンの3水準ということになる．仮説としては，「ラベル付きアイコンが被験者の注意を最も引きやすく，インタフェイスとして望ましい」などである．実験変数（従属変数）は，上記の3種類の情報に対する反応時間，エラー率，さらには見やすさの心理評価などである．実験計画としては，3つの水準に同一の被験者を割り当てる（グループ内実験）もしくは異なる被験者を割り当てる（グループ間実験）などである．ここで使われる統計手法としては，一元配置分散分析法，二標本 t 検定などである．実験の手順の概要を図10.1に示す．被験者の選択にあたっては，技能水準，経験などを配慮せねばならない．

尺度には，名義尺度（分類尺度），順序尺度，間隔尺度，比例尺度の4つが存在する．名義尺度とは，男女別，コード別，個人分類（背番号）などである．順序尺度は，例えばある製品の使いやすさを1から5の評点で評価するが，この場合1が5よりも5倍悪いわけではない．間隔尺度では，例えば温度20℃と25℃および温度10℃と15℃の差は同じであるが，40℃は80℃の1/2とはいえない．すなわち，温度差のみが有効になる．比例尺度は，測定値の間の差に加えて，測定値間の比率も意味をもつ．20kgの重さは10kgの重さの2倍であり，これは比例尺度として意味をもつ．前述の温度の場合は比例尺度としての意味をもたない．また，比例尺度の場合には絶対的なゼロ点が存在する．重さの場合には，0 kgは意味をもち，温度の場合には0℃は意味をもたず，水の氷点をたまたま0℃に決めたにすぎないことからも，間隔尺度と比例尺度の違いがわかる．使用される尺度の種類によって統計処理のための方法が異なるため，測定データがいずれの尺度に属するか十分に注意する必要がある．例えば，順序尺度には加法の算術演算子を適用できないため，平均を計算することは不適切である．

10.2　実験計画

仮説や理論を検証するために実験を行う場合には，十分綿密に実験計画を立てなければならない．例えば，構造化された言語とそうではない言語とでプログラミングの効率がいかに異なるかを明らかにする実験について考える．この場合の仮説は，構造化された言語のほうが構造化されてない言語よ

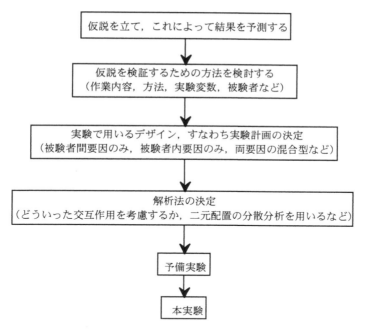

図10.1　実験の手順の概要

りもプログラミング効率が高いということである．独立変数は，構造化されているかどうかであり，従属変数はエラー，作業時間などのプログラミング効率である．また，これまでの作業方法にA条件とB条件を加えてどちらが改善効果が高いかを明らかにする実験では，両条件が従来の方法に比べてどの程度作業効率を改善するかをみる必要があるため，これらの条件に加えて従来の方法でもデータをとっておく必要がある．この場合，従来の実験条件のことをコントロール（統制）条件と呼ぶ．

　実験計画では，以下の項目を決定せねばならない．

　(1)　実験に参加する被験者のタイプと人数

　例えば，コンピュータの初心者を対象とする実験を実施するとか，高年齢者と若年者を対象とした作業能力の比較実験，男女の運動能力や視覚機能の比較実験，日本人と欧米人の作業能力の比較実験などのように，実験の目的に応じて慎重に被験者を選定せねばならない．すなわち，被験者の技能水準，作業に対する経験，年齢，性別，国籍などの必要事項を配慮して被験者を選ぶ必要がある．

　(2)　扱われる独立変数の数とこれらの変数がとり得る水準の数．

　(3)　異なる実験条件（すなわち，ある独立変数のある水準）へ一連のグループの被験者を割り振る被験者間実験計画，すべての実験条件（すなわち，独立変数のすべての水準）へすべての被験者を割り振る被験者内実験計画，または被験者内要因（独立変数）と被験者間要因（独立変数）を組み合わせた混合型の実験計画のいずれを採用するか．混合型とは，例えば独立変数A（例えば2水準）は，水準ごとに別々のグループを割り当て，独立変数B（例えば2水準）は，すべての被験者が両水準で実験を実施するなどである．

　さらに，実験では複数の独立変数を選定する場合があるが，これらの交互作用（interaction）にも十分注意する必要がある．被験者間（between subjects）実験計画は，各条件（水準）ごとに被験者は1つのスコアを与えるため，前述のように順序効果や練習効果は生じないという利点をもつ．しかしその

半面，多くの被験者を必要とする．また，グループ内の差異がグループ間の差異よりも大きくなってしまう可能性があるため（グループ内（同一条件に割り当てられた被験者内）の差異が大きすぎるため），実験条件間の差異が打ち消されてしまい，実際には条件間の差異があるにもかかわらず，それが検出されないケースが起こり得る．したがって，前述のように被験者の技能，年齢，経験など実験成績に影響する要因を考慮して，グループ間でかたよりがないように，被験者を慎重に選ぶ必要がある．被験者内実験計画は，繰り返し効果，順序効果，練習効果などが認められる反面，被験者数が限定されている場合には有効である．また，この計画は学習効果をみる実験に適している．順序効果，繰り返し効果などは，順序相殺（counterbalance）によってその影響を抑えることができる．例えば独立変数Aに2つの水準A1とA2があるとすれば，被験者のうちの半数はA1→A2の順番に，残りの半分はA2→A1の順に実施させて，順序相殺すればよい．

10.3　実験結果の解析

心理評価法，例えば一対比較法，順位法，カテゴリー尺度法，数値尺度法，系列カテゴリー法などを用いて，実験の計画と解析をペアーで実施することができる．また，因子分析の手法，多次元尺度法などの手法でより細かい分析を実施することができる．詳細については奥野ら（1975）[117]，田中ら（1986）[118]を参照されたい．

実験結果の統計解析は，パラメトリック法（parametric）とノンパラメトリック法（non-parametric）に分けられる．パラメトリック法は，母集団の分布に関して一定の仮定を置き，それに基づいて統計的仮説検定を行う．例えば，一標本t検定，二標本t検定，分散分析などがこれにあたる．これらの手法ではいずれも母集団が正規分布に従うことを仮定している．パラメトリック法は，測定データのみではなく，そのデータに対する母集団に関しても様々な情報を得ることができる．また，ここではデータは間隔尺度か比例尺度を仮定している．データが間隔尺度もしくは比例尺度としての条件を満たさない場合には，ノンパラメトリック法を用いねばならない．ノンパラメトリック法とは，その適用にあたり母集団の分布に関して特別の仮定を置く必要がない場合をさす．例えば，Wilcoxon検定，Mann-Whitney検定，Friedman検定，Kendallの一致係数，Spearmanの順位相関係数，χ^2適合度検定，独立性の検定，分割表などがこの方法に属する．例えば，順序尺度では，測定の状況によらずその測定値（順位）の分布は一様分布の形をとり，分布の型を区別する概念は存在しない．実際には，比例尺度や間隔尺度にノンパラメトリック法が適用される場合があるが，パラメトリック法の仮定を満たす場合には，こちらを用いたほうがよい．パラメトリック法とノンパラメトリック法の特徴[119]を表10.1にまとめておく．

以下のような例を考えてみる．ある初心者の集団に対する，キータイプのトレーニング前と後のタイプ時間に差があるかどうかを調べるにはどうすればよいだろうか．この場合は，関連2群の差の検定法として一標本t検定を用いる．また，経験レベルがほぼ同じの被験者群を対象にして，キー入力と音声入力による作業時間を比較する場合には，独立2群の差の検定法として，二標本t検定を用いる．独立2群の差の検定に関するその他の例として，次のような分析を考える．例えば，2種類のインタフェイスⅠ1とⅠ2の使いやすさを1（非常に悪い）から5（非常に良い）の評点で評価させる実験を考える．この場合は，ノンパラメトリック法のうちの1つであるMann-Whitneyの検定法を用いる．マウス，タッチスクリーン，ペンの3種類の入力装置でのポインティング時間の比較を行うには，独立

表10.1　パラメトリック法とノンパラメトリック法の特徴

パラメトリック法（parametric method）
母集団の分布に関して一定の仮定を置き，それに基づいて統計的仮説検定を行う方法．測定尺度は，間隔尺度であることを一般に仮定している．一標本t検定，二標本t検定，分散分析など．
ノンパラメトリック法（non-parametric method）
その適用にあたり母集団の分布に関して特別の仮定を置く必要がない場合に用いられる．すなわち，分布に依存しない検定法である．順序尺度や名義尺度など順序尺度や比例尺度としての性質が満たされないデータに対してこの方法が用いられる．パラメトリック法が向いているデータに対してもこの方法を用いても支障はないが，検定における効率が悪くなるという欠点があるため，注意が必要である．Mann-Whitney検定，Friedman検定など．

表10.2　統計的解析法の分類

データ形式	間隔尺度	順序尺度	名義尺度
1標本	平均値の検定		比率の検定，二項検定，ポアソン検定，カイ2乗適合度検定
関連2標本	一標本t検定	Wilcoxon検定	符号検定
独立2標本	二標本t検定，等分散性の検定	Mann-Whitney検定	2×2分割表・カイ2乗独立性の検定・比率の差の検定
独立多標本	一元配置分散分析Bartlett検定	Kruskal-Wallis検定	l×m分割表カイ2乗独立性の検定
関連多標本	二元配置分散分析Bartlett検定	Friedman検定Kendallの一致係数	l×m分割表カイ2乗独立性の検定
2変量	回帰係数の検定相関係数重相関係数	Spearmanの順位相関係数	φ係数クラーメルのC係数
多変量	偏相関係数重相関係数	Kendallの一致係数	

多群の差の検定法として，一元配置の分散分析法（one-way ANOVA（analysis of variance））を用いる．また，勤務形態（早朝勤務，日勤，深夜勤）と年齢群（20歳代，30歳代，40歳代）の2つの要因が作業効率にいかに影響するかを調べるためのデータに対しては，関連多群の差の検定法として，二元配置の分散分析法（two-way ANOVA）を用いる．表10.2に統計的解析法を大まかに分類した結果を示しておく．

　次に多変量解析について簡単に述べてみる．1変量でみた場合には重なりが多く差があるとはいえな

表10.3 多変量解析手法とその特徴

重回帰分析	多変量の相互関係を回帰式で表して，データの予測に役立てる．
数量化理論Ⅰ類	質的データに対する重回帰分析．
判別分析	多次元空間上の多群について，その相互分離が最もよくなる判別式を求める．
数量化理論Ⅱ類	質的情報に対する判別分析．
クラスター分析	多変量データの相互の類似度を調べ，近いもの同士を互いに結びつけて，いくつかのまとまりに分類する．
多次元尺度法	多変量データを互いの類似度によって分類し，多次元空間に位置づけ，データ配置の潜在的な構造を探る．
主成分分析	多変量データを要約し，少数の総合特性値でデータを表現する．
因子分析	変数の相互関係から各変数の潜在構造（因子）を明らかにする．

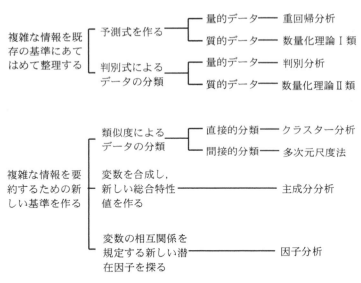

図10.2 多変量解析法の簡単な分類

い場合でも，変数の数を増やすことによって差を明瞭に区別できる場合がある．また，変量間の相関が高いほど多変量解析の意味をもつ．多変量解析の手法とその簡単な説明を表10.3に，多変量解析の簡単な分類を図10.2にまとめておく．

　実際のヒューマン・インタフェイス関連のデータ解析の例を3つ示して，統計解析手法がいかに適用されているかをみていくことにする．10種類のインタフェイス方式に対する心理評価を実施する実験について考えてみる．それぞれのインタフェイスに対して，見た目（デザイン）の良さ，画面の文字のコントラスト，フォントの適切さ，文字の間隔，読みやすさ，オンラインヘルプの適切さ，作業の

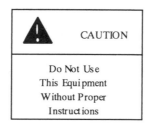

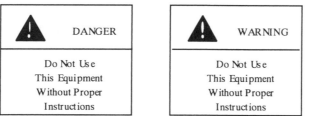

図10.3　３つの交通標識Caution，Warning，Danger

表10.4　直交配列表による実験の結果（村田（1994）[121)]）

要因	自由度	平方和	不偏分散	F
A	2	1.018	0.509	84.020**
B	2	0.163	0.081	13.450*
C	2	0.201	0.010	16.560*
D	2	0.095	0.047	7.835*
E	2	0.011	0.006	0.928
F	2	0.107	0.054	8.851*
G	2	0.142	0.071	11.660*
A×B	4	0.034	0.008	1.402
A×C	4	0.035	0.008	1.427
誤差	4	0.024	0.006	
総計	26	1.830		

しやすさ，一貫性，フィードバック情報の適切さ，コマンドの使いやすさなどの観点から専門家に1
（非常に悪い）から5（非常に良い）の評点で評価させる．得られたデータに対して因子分析を実施
し，各インタフェイスの組み合わせで相関性を調べて，因子負荷量を求める．これは，各インタフェ
イスの評価と想定される潜在的な因子得点（評価）との相関係数に相当する．専門的には，共通性
（communality），因子負荷量（factor loading）を誘導して，因子の解釈のために主因子法，セントロイ
ド（重心）法，バリマックス法などの手法によって因子軸の回転を行い，因子得点を推定していく．

そして，寄与率と因子負荷量，共通性に基づいて，共通の因子を抽出していく．

　さらに，次のような例を考えてみる（詳細に関してはChapanis（1994）[120]を参照のこと）．3つの交通標識Caution，Warning，Dangerと色（赤，オレンジ，黄色，白）の組み合わせに関する情報の伝わりやすさの主観評価に関する実験を行ったとする（図10.3参照）．この場合は，前述の関連多群の差の検定法として，二元配置の分散分析法を用いることができる．ただし，主観評価値は間隔尺度の条件を満たしていないかもしれないが，二元配置の分散分析を用いれば，標語と色のインタラクション（交互作用）も明らかになる．オリジナルな文献では，二元配置の分散分析を用いているが，正確にはノンパラメトリック法の1つであるFriedman検定を用いるべきであると思われる．

　最後に，次のような例（村田（1994）[121]を参照）を考えてみる．例えば，マウスの操作性（エラー，ポインティング時間などのパフォーマンス）にカーソルの移動距離，ポイントしようとしているターゲットの大きさ，マウスの分解能，ミッキー／ドット比，ターゲットの形状，マウス操作のためのスペース，被験者（個人差）などの要因がどのように影響するかを明らかにするための実験を考える．この場合の独立変数（実験変数）は，ポインティング時間とかエラーである．上記の要因の大まかな影響を調べるために，直交配列表がよく用いられる．この場合には，要因が7つと非常に多く，すべての実験を実施していたのでは，時間的にも難しく，とりあえず7つの要因がいかなる影響をパフォーマンスに及ぼすかを大まかに（予備的に）知りたい場合には，直交配列表を用いれば，すべての実験条件をこなさなくてもよいため，非常に便利で，頻繁に利用されている．ここでは，7因子3水準で，交互作用としてはA×BとA×Cを対象に線点図を用いてL_{27}（3^{13}）直交表への割り付けを行って予備的な実験データを得て，要因の影響や交互作用を調べることになる．得られた結果を表10.4にまとめておく．

　L_{27}（3^{13}）直交表への割り付けについて，少し説明を加えておく．3水準の因子A, B, C, D, E, Fの影響を検討したい．ここでは，交互作用A×BとA×Cの2つが存在すると仮定する．次のようなステップに従って，線点図を作成し，割り付けを行う．要因数6，交互作用の数2であるから，自由度は2×6+4×2＝20であり，全体の自由度が20以上であるL_{27}（3^{13}）直交表に割り付けることになる．この場合の線点図を図10.4に示す．図10.5に示すL_{27}（3^{13}）直交表の一般的な線点図の2つのタイプの中で図10.4の形を一部分として含むものを探す．ここでは，線点図2が図10.4の形を含んでいる．図10.5中の番号は，表10.5に示すL_{27}（3^{13}）直交表の列番号に対応する．図10.4の線点図に付してある番号は，割り付けの結果を示している．例えば，L_{27}の1列と2列の交互作用はどの列とどの列に現れるかは以下のように計算される．3水準の場合には，表10.5において$a^3＝b^3＝c^3＝1$が成立する．交互作用は，表10.5の任意の2つの列XとYからX×YとX²×Y（またはX×Y²）を作り，$a^3＝b^3＝c^3＝1$を適用して，結果を整理する．この結果に対応する2つの列が現れ，これが交互作用を表すことになる．もし，そのままで表10.5中に対応する結果が見つからない場合には，その成分記号を2乗して同様の整理を行い，対応する列が現れるまでこれを繰り返していく．ab→3列，$a^2b→(a^2b)^2＝a^4b^2→$4列となる．1列と5列の交互作用も同様にして，6列と7列に現れることは容易にわかる．詳細に関しては，石川ら（1978）[122]や田中（1985）[123]を参照されたい．割り付けの結果を表10.6に示す．

　以上のように，適切な実験計画を確実にし，それによって得られたデータを適切な統計解析の手法や多変量解析の手法に基づいて解析し，その結果を評価していくことは，ヒューマン・インタフェイス設計では非常に重要になってくる．

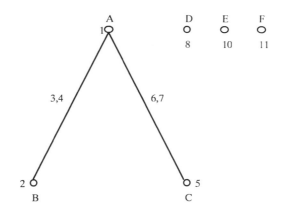

図10.4　線点図に割り付けた結果

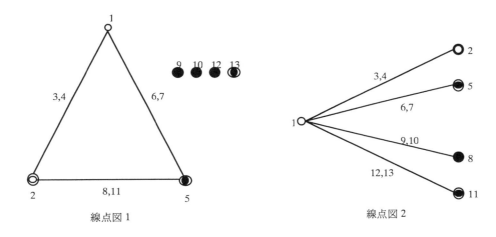

図10.5　L_{27}（3^{13}）直交表における2つのタイプの線点図

10.4　ガイドライン作成で評価対象となる項目

　ヒューマン・インタフェイス設計のガイドライン作成では，以下の項目を考慮して具体案に仕上げていかねばならない．ガイドライン作成では，チームを構成し，チーム内で十分な議論を行う必要があることはいうまでもない．ガイドライン作成の詳細なプロセスに関しては，Schneiderman（1987）[2)]を参照されたい．ただし，6.6でも述べたように，作成されたガイドラインの有効性を実用的な観点から検証しておくことが最も重要である．

(1)　メニュー選択のフォーマット．

(2)　プロンプト，フィードバックのメッセージはわかりやすいか．

(3)　文字の形状，大きさ．

(4)　キーボードの使いやすさ，CRTの見やすさ，入力装置の使いやすさ．

(5)　スクリーンのレイアウトはわかりやすいか．

(6)　マルチ・ウィンドウシステム．

(7)　応答時間や画面へのデータの表示速度は適切か．

表10.5 L_{27} (3^{13}) 直交表

列番	1	2	3	4	5	6	7	8	9	10	11	12	13
1	1	1	1	1	1	1	1	1	1	1	1	1	1
2	1	1	1	1	2	2	2	2	2	2	2	2	2
3	1	1	1	1	3	3	3	3	3	3	3	3	3
4	1	2	2	2	1	1	1	2	2	2	3	3	3
5	1	2	2	2	2	2	2	3	3	3	1	1	1
6	1	2	2	2	3	3	3	1	1	1	2	2	2
7	1	3	3	3	1	1	1	3	3	3	2	2	2
8	1	3	3	3	2	2	2	1	1	1	3	3	3
9	1	3	3	3	3	3	3	2	2	2	1	1	1
10	2	1	2	3	1	2	3	1	2	3	1	2	3
11	2	1	2	3	2	3	1	2	3	1	2	3	1
12	2	1	2	3	3	1	2	3	1	2	3	1	2
13	2	2	3	1	1	2	3	2	3	1	3	1	2
14	2	2	3	1	2	3	1	3	1	2	1	2	3
15	2	2	3	1	3	1	2	1	2	3	2	3	1
16	2	3	1	2	1	2	3	3	1	2	2	3	1
17	2	3	1	2	2	3	1	1	2	3	3	1	2
18	2	3	1	2	3	1	2	2	3	1	1	2	3
19	3	1	3	2	1	3	2	1	3	2	1	3	2
20	3	1	3	2	2	1	3	2	1	3	2	1	3
21	3	1	3	2	3	2	1	3	2	1	3	2	1
22	3	2	1	3	1	3	2	2	1	3	3	2	1
23	3	2	1	3	2	1	3	3	2	1	1	3	2
24	3	2	1	3	3	2	1	1	3	2	2	1	3
25	3	3	2	1	1	3	2	3	2	1	2	1	3
26	3	3	2	1	2	1	3	1	3	2	3	2	1
27	3	3	2	1	3	2	1	2	1	3	1	3	2
成分	a	b	ab	ab²	c	ac	ac²	bc	abc	ab²c²	bc²	ab²c	abc²

表10.6　割り付けの結果

列番	1	2	3	4	5	6	7	8	9	10	11	12	13
要因	A	B	A×B	A×B	C	A×C	A×C	D		E	F		

(8)　カラー，強調表示のしかたは適切か．

(9)　エラーメッセージやヘルプの出しかた，マニュアルは適切か．

(10)　コマンド言語はわかりやすく設計されているか．

10.5　Schneidermanの8つの原則

第1章で述べたSchneidermanの8つの原則を再度以下にまとめておく．

・一貫性をもたせる．

・近道を与える．

・操作結果をフィードバックする．

・ユーザに達成感を与えるようにする．

・エラーの検出と回復が容易になるようにする．

・逆操作が可能であるようにする．

・ユーザがシステムを主体的にコントロールできるようにする．

・ユーザの短期記憶への負担を軽減するように配慮する．

10.6　ガイドライン（評価シート）の例

Schneiderman（1987）[2]は，10.4の項目を考慮して次のようなガイドラインを作成した．

(1)　システムのコマンドは使いやすいか．

(2)　システムのコマンドを十分に知っているか．

(3)　一連のシステム・コマンドを書く場合に1回で正しくかけるか．

(4)　エラーメッセージから，エラーの出所を同定しやすいか．

(5)　オプションや特殊なケースが多すぎることはないか．

(6)　コマンドはもっと単純化できるか．

(7)　コマンドやオプションを覚えにくく，しばしばマニュアルを見なければならないか．

(8)　問題が生じたらパワーユーザに助けを求めることができるか．

　以上の項目を1：非常に強いYes，2：Yes，3：どちらともいえない，4：No，5：非常に強いNoの5段階で評価させる．

10.7　評価シート（簡易版）

Schneiderman（1987）[2]によるヒューマン・インタフェイス設計の評価シート（簡易版）を以下に示す．ここでは，0から10までの整数値を用いて，各項目に対する評価を行う．

(1)　ディスプレイの文字

　読めない（0）−読める（10）

(2)　強調表示によって作業がはかどる

全くない（0）－非常によくある（10）

(3)　システムで使用している用語は作業と関連がある

全くない（0）－非常にある（10）

(4)　システムで用いられている用語

わかりにくい（0）－明確（10）

(5)　作業に関する教示

全くない（0）－常にある（10）

(6)　作業に関する教示の一貫性

全くない（0）－非常にある（10）

(7)　作業に関連した操作

全くない（0）－常にある（10）

(8)　情報のフィードバックの適切さ

非常に不適切（0）－非常に適切（10）

(9)　ディスプレイのレイアウトによる作業の単純化

ない（0）－いつも（10）

(10)　ディスプレイへの表示の順番

わかりにくい（0）－わかりやすい（10）

(11)　インタラクションのペース

遅い（0）－速い（10）

(12)　エラーメッセージは有効か

全くだめ（0）－非常に有効（10）

(13)　エラーの修正は容易か

全くだめ（0）－やりやすい（10）

(14)　オンラインヘルプのわかりやすさ

わかりにくい（0）－わかりやすい（10）

(15)　操作法の学習のしやすさ

困難（0）－容易（10）

(16)　異なる経験レベルをもつユーザが使用しても大丈夫か

適応しない（0）－適応する（10）

(17)　人間の記憶容量の制限を配慮しているか

無配慮（0）－配慮（10）

(18)　補助的なマニュアルのわかりやすさ

わかりにくい（0）－わかりやすい（10）

(19)　特徴の探求

悪い（0）－良い（10）

(20)　全般的な反応

満足できない（0）－満足（10）

面白くない（0）－面白い（10）

刺激がない（0）－刺激的（10）

困難（0）－容易（10）

不適切（0）－適切（10）

10.8　評価シート（詳細版）

10.7の20項目をさらに詳しくした評価シート（詳細版）を以下に示す．各項目を10.7と同様に0から10までの整数値で評価していく．

(1)　ディスプレイの文字

・文字の読みやすさ

読めない（0）－読める（10）

・文字の形状

あいまい（0）－くっきり（10）

・文字のコントラスト

読めない（0）－読める（10）

・文字のフォント

不適切（0）－適切（10）

・文字の間隔

狭い（0）－適切（10）

(2)　強調表示

・強調表示によって作業がはかどるか

全くない（0）－非常によく（10）

・強調の程度またはボールド体

見にくい（0）－見やすい（10）

・文字または形の大きさの変化

見にくい（0）－見やすい（10）

・アンダーライン

不適切（0）－適切（10）

・リバース文字

不適切（0）－適切（10）

・ちらつき

不適切（0）－適切（10）

・色の変化

不適切（0）－適切（10）

(3)　用語の使われ方

・コンピュータ関連の用語が使われているか

頻繁に使われている（0）－全く使われていない（10）

・スクリーン上の用語は正確か

あいまい（0）－正確（10）

・システムで用いられている省略（ショートカット）は適切か

わかりにくい（0）－明確（10）

(4)　システムで用いられている用語

・用語に一貫性があるか

一貫していない（0）－一貫性がある（10）

・コンピュータ関連の用語に一貫性はあるか

一貫していない（0）－一貫性がある（10）

・用いられている省略（ショートカット）は適切か

わかりにくい（0）－明確（10）

(5)　作業に関する教示

・コマンドや選択に関する教示はわかりやすいか

わかりにくい（0）－明確（10）

・エラー修正に関する教示はわかりやすいか

わかりにくい（0）－明確（10）

・ヘルプを得るための教示はわかりやすいか

わかりにくい（0）－明確（10）

(6)　作業に関する教示

・教示は一貫した位置で行われているか

いいえ（0）－いつも（10）

・教示では一貫した文法が使われているか

いいえ（0）－いつも（10）

・教示は一貫した調子で行われているか

いいえ（0）－いつも（10）

(7)　作業に関連した操作

・1回あたりの操作量

多い（0）－少ない（10）

・操作によってミスを防ぐことができる

いいえ（0）－いつも（10）

(8)　情報のフィードバックの適切さ

・操作と結果のリンク

わかりにくい（0）－明確（10）

・フィードバックの量

多すぎる（0）－適切（10）

・フィードバックの量

少なすぎる（0）－適切（10）

・ユーザ自身でフィードバックの量をコントロールできる

できない（0）－常に（10）

(9)　ディスプレイのレイアウト

・ディスプレイは乱雑か

乱雑（0）－乱雑ではない（10）

・ディスプレイは秩序正しく配列されているか

無秩序（0）－秩序（10）

・タイトルと表示が一致しているか

なし（0）－いつも（10）

・トップダウン的に作業が進められるか

進められない（0）－いつも（10）

(10)　ディスプレイへの表示

・次に現れるスクリーンが予測可能か

予測不能（0）－予測可能（10）

・位置の感覚を記憶に保持しやすい表示になっているか

不可能（0）－容易（10）

・1つ前の表示画面に戻れるか

不可能（0）－容易（10）

・作業の始まり，中間，終りが明らかか

明らかではない（0）－容易にわかる（10）

(11)　インタラクション（interaction）のペース

・データ入力に対する反応

遅すぎる（0）－十分速い（10）

・コンピュータの応答時間

遅すぎる（0）－十分速い（10）

・エラーメッセージの出現

遅すぎる（0）－十分速い（10）

・ディスプレイの表示速度

遅すぎる（0）－十分速い（10）

(12)　エラーメッセージ

・エラーメッセージによってエラーの箇所を同定できるか

全くできない（0）－容易にできる（10）

・エラーメッセージは，エラーへの対処策を示しているか

全く示していない（0）－示している（10）

・エラーメッセージは明確か

不明確（0）－明確（10）

(13)　エラーの修正

・誤字の修正法は簡単か

複雑（0）－簡単（10）

・値の変更は容易か

複雑（0）－簡単（10）

・アンドゥー機能は容易か

複雑（0）－簡単（10）

(14) オンラインヘルプ

・オンラインヘルプへのアクセスは容易か

複雑（0）－容易（10）

・オンラインヘルプの構成

わかりにくい（0）－明確（10）

・オンラインヘルプの内容

わかりにくい（0）－明確（10）

(15) 操作法の学習

・学習の初期に操作法を学習しやすい

難しい（0）－簡単（10）

・さらに詳細に操作法を学習しやすい

難しい（0）－簡単（10）

・一度使用を中断してから再学習しやすい

難しい（0）－簡単（10）

(16) 異なる経験レベルをもつユーザが使用しても大丈夫か

・初心者を対象にできるか

困難（0）－容易（10）

・エキスパートが特徴／ショートカットを追加できる

困難（0）－容易（10）

・ユーザがインタフェイスを仕上げることが可能か

困難（0）－容易（10）

(17) 人間の記憶容量の制限を配慮しているか

・文章構成の詳細

制限なし（0）－制限されている（10）

・作業を完成するための情報

記憶せねばならない（0）－可視（記憶する必要はほとんどない）（10）

・情報のパターン

ぼんやり（0）－認識可能（10）

(18) 補助的なマニュアルのわかりやすさ

・初心者用のガイド

わかりにくい（0）－容易（10）

・リファレンス・マニュアル

わかりにくい（0）－容易（10）

・ビデオ・オーディオ教材

わかりにくい（0）－容易（10）

（19）　特徴

・破壊的（危険）な操作

プロテクトなし（0）－プロテクトあり（10）

・意味のあるプロンプト

なし（0）－あり（10）

・新しい事項の学習

困難（0）－容易（10）

（20）　全般的な反応

満足できない（0）－満足（10）

面白くない（0）－面白い（10）

刺激がない（0）－刺激的（10）

困難（0）－容易（10）

不適切（0）－適切（10）

10.9　Rubinsteinら（1984）[124]のガイドライン1（90項目）

人間－コンピュータ系の設計のためのRubinsteinら（1984）[124]の原則を以下に述べる.

（一般的なもの）

（1-a）　設計者は，幅広くユーザ層を知る.

（1-b）　設計者はわかりやすいシナリオを描いて，これに基づいてユーザの行動や考えを色々と予測，推測できるようにする.

（1-c）　コンピュータを使わない場合よりも使う場合のほうが簡単でなければならない.

（1-d）　システム全体を考えた統合化された設計を行う.

（2）　設計と実行を分離して考える. 完全を目指してはよいシステムは作れない.

（タスク分析）

（3）　実行前に必ずタスクの内容を詳細に記述する.

（4）　使用のための具体的なモデルを開発する. すなわち，設計しようとしているシステムによって何が可能かを具体化する.

（概念モデル）

（5）　一貫性をもたせる.

（6）　単純でもよいから完全なシステムを設計する. ユーザが望むすべての機能を備えているが，これらをユーザ自身が組み立てて最終システムに仕上げていかねばならないようなシステムはよくない.

（7）　システムの範囲を制限する.

（8）　システムの取り得る状態を制限する.

（9）　システムの状態が見えるようにする.

（10）　人間の長期記憶に制限はないと考えられるものの，システムについて学ぶことが数多くあれば，ユーザがシステムに精通するのに時間がかかる. したがって，ユーザにかかる負担を最小限にしなければならない.

（言語）

(11)　人間が言語によって機械（コンピュータ）と対話する際には，あたかも人間同士の会話におけるルールがあてはまるかのようにふるまう．したがって，人間同士の会話のルールをできる限り尊重した言語システムを構築することが望ましい．

(12)　システムがユーザの仕事を中断させる場合には，その後の仕事がスムーズに再開できるような配慮が必要．

(13)　適量の情報を用いて対応する．

(14)　ユーザの能力を正しく把握する．

(15)　人間が用いている言語におけるルールを尊重する．

(16)　言語を用いる場合には一貫性をもたせる．

(17)　ユーザに教示する場合には，実例を挙げるようにする．

(18)　句読点，記号などにあまり意味をもたせないようにする．

(19)　アプリケーション（システム）に特有の用語を用いるようにする．

(20)　標準的な言語を使用する．

(21)　システムのすべての応答を同等にする．

(22)　意味のある喩えを使用する．

(23)　誤ったスペルの入力を自動修正する．

(24)　明らかに誤りのある用語は使用しないようにする．

(25)　アイコンに具体性をもたせる．

(26)　複雑な質問は避けるようにする．

(27)　キー入力が頻繁に行われる作業や視線の動きが頻繁になる作業では音声入力を用いる．

(28)　音声出力では出力結果が明瞭かつ簡潔でなければならない．

(29)　音声入力では 1 もしくは 2 単語を入力するようにする．

（言語以外のソフトウェア）

(30)　システムに学習補助手段を組み入れる．

(31)　設計に入る前に，まずユーザーズ・ガイドを作成する．

(32)　ユーザーズ・ガイドの作成では文書を階層化する．

(33)　例を多く用いて文書を作成する．

(34)　索引を付けるようにする．

(35)　ヘルプ機能が役に立つかどうかを実際に検証しておく．

(36)　ヘルプを仕事そのものと一体化させない．

(37)　ヘルプとエラー処理を統合化する．

（ヒューマン・インタフェイスのスタイル）

(38)　インタフェイスのスタイルは多様であってはならない．

(39)　意味を伝える場合に，句読点を用いないようにする．

(40)　メニューは短くする．

(41)　現在の状態を把握しやすくするためにメニューにラベルを付ける．

(42)　ポイント装置を用いる．

(43)　直接操作に対してはリアルタイムで応答するようにする．

(44)　インタフェイスにおける対象は意味のあるものにせねばならない．

(45)　ユーザが仕事の順番を選択できるようにする．

（ユーザへの応答）

(46)　ユーザの行為に対して速やかに応答する．

(47)　ユーザがパニックに陥った場合には，容易にパニック前の状態に戻れるようにする．

(48)　ユーザを驚かせないように配慮する．すなわち，ユーザのもつ常識に反するような操作は避けるようにする．

(49)　ユーザからのコマンドが入力された場合には，システムは何が入力されたかを示すだけではなく，コマンドを理解したことをユーザに伝えるようにすべきである．

(50)　コンピュータ側からの応答は意味のあるものにし，ユーザの注意をそらすものであってはならない．

(51)　エラーのメッセージは簡潔で意味のあるものにし，ユーザが対処しやすいようにする．

(52)　ユーザに対して丁寧に応答せねばならない．もし可能ならば，なぜエラーが生じたかを示すようにすることが望ましい．

(53)　ユーザを責めるようなエラーメッセージは好ましくない．例えば，"Too many inputs" を "Two inputs expected" や "Two inputs were found" に変えるなどである．

(54)　複雑なエラー・コードなどの出力は避け，ユーザが長期記憶に頼らなくても対処できるようなエラー・メッセージにすべきである．

(55)　ユーザの対応を遅らせるような応答は好ましくない．

(56)　問題を柔軟にとらえるようにせねばならない．

(57)　コンピュータを人間化してはいけない．

(58)　入力の成功と失敗をはっきり区別するようにする．

(59)　エラーをわかりやすく述べるようにする．例えば，"Unable to open file DSK3:[SYSTEM.FONTS] TIMES-ROMAN.FONT" よりも "The Times Roman typeface is not available." のほうがよい．

(60)　エラーを修正しやすいような応答を心がけるようにする．

(61)　デフォールト設計を行う．すなわち，システムのエラーに対処するためにデフォールトを用いて，対処しやすいようにする．

(62)　ユーザがリアルタイムで作業可能な応答時間が望ましい．

(63)　応答が遅れる場合には，ユーザに知らせるべきである．

(64)　遅れが生じる場合には，ユーザが納得できるケースでなければならない．

（プレゼンテーション）

(65)　紙面上でのプレゼンテーションで用いられている有効な方法を用いるようにする．

(66)　リストをアルファベット順に表示する場合には，水平方向ではなく垂直方向に示すようにする．下記の場合は，左側のようにする．

```
A  D  G          A  B  C
B  E  H          D  E  F
C  F  I          G  H  I
```

(67)　出力はわかりやすく表示する．例えば，Febrary 5, 1997のほうが5/2/1997よりもわかりやすい．特に日本人では，後者を1997年5月2日と読んでしまう人も多くいる．

(68)　数字は1から，データは0から始めるようにする．

(69)　フォーマットを配慮し，データ構造を明確にする．

(70)　グラフ，チャートを用いる．

(71)　乱雑な表示は避ける．

(72)　視覚的属性を正しく伝えるようにする．

(73)　視覚的属性を多用しすぎないようにする．

(74)　視覚的属性の意味を明確にし，一貫性をもたせる．

(75)　入力データのフォーマットに柔軟性をもたせる．例えば，昔のFortranのソースファイルなどは悪い例である．プログラムや番号の書き出しの位置が固定されていて，非常にコーディングしにくかった．

(76)　入力においてはプロンプトが必要．

(77)　入力では，省略（ショートカット）を可能にする．

(78)　頻繁な入力は容易に表現するように心がける．

(79)　システムの一部と考えてキーボードを設計する．

(80)　キーボードの配列を単純化する．

(81)　機能に応じてキーをグループ化する．

(82)　テキスト入力用とコントロール用のキーを区別する．

(83)　多様な機能をもったキーは避ける．

（システムのテスト）

(84)　評価目標を明確にする．

(85)　システムに精通していない被験者を用いてテストを行う．

(86)　ねらいとするターゲットユーザの母集団から選ばれた被験者を用いてテストする．

(87)　システムの評価に適したタスクを選択する．

(88)　タスクを標準化する．

(89)　設計ガイドラインを利用する．

(90)　実際のユーザの動きをビデオ録画して分析する．

第11章　ヒューマン・インタフェイスの
トピックス

　本章ではヒューマン・インタフェイスの分野の新しいトピックス，すなわち仮想現実の問題，発想支援システム，共同作業支援（CSCW），マルチメディアにおけるインタフェイスの問題について触れる．まず，仮想現実感について説明し，その問題点について明らかにしていく．発想支援システムの項では，創造的な仕事をこなしていくためには，発想支援システムの手助けが必要不可欠であることを述べる．また，これからのインタフェイスでは，共同作業支援システムが重要な位置を占めることを説明する．最後に，マルチメディアにおける人間工学的な考察を試みる．

11.1　仮想現実感

　仮想現実感あるいは人工現実感（Virtual Reality）とは，コンピュータグラフィックスを用いて作った虚構空間の中で，人間が疑似体験を行うシステムまたは技術の総称で，ここ数年で急速に注目を集めるようになった．仮想現実感は，パイロットの地上訓練用のフライトシミュレータに端を発するといわれている．このシミュレータを用いた訓練によって，実際のフライト経験をかなり積まないと経験できないような実地訓練でも疑似体験できる．さらには，遠隔地操作（telepresence）として，視覚と触覚を用いたロボット操作の疑似体験システムや外科手術の疑似体験システムも開発されるようになった．仮想現実の研究例は，例えば服部（1991）[125]によって広範囲に解説されている．

　最近の仮想現実感は，頭にヘッドマウントディスプレイ（HMD:Head Mount Display）と呼ばれるものをかぶり，ゴーグルの内側の小さなスクリーンに左右で少しずらせた映像を写しだして，立体感をもたせるシステムが多くなってきた．さらには，3Dサウンドと呼ばれる立体音響用のヘッドフォンも普及してきている．HMDは，人間の頭の動きをセンサで検知し，制御用のコンピュータにこれを伝えて，人間から見える視界を理論的に計算して，CRT上の映像を変化させる．すなわち，人間の動きを素早く検知して，視覚や聴覚にフィードバックすることによって仮想現実を実現している．人間にとって自然な速度で，これらの変化をCRT上に写しだすだけの高速処理能力をもった制御用のコンピュータが必要である．リアリティーを高めるためには，CRTの解像度が問題になることはいうまでもない．さらに，立体音響もこのための有効な手段である．また，HMDを長時間かぶっていると，乗り物酔いに似たような独特の症状が生じることも現状として多く報告されているので，この点の克服もこれからの仮想現実感のテクノロジーの課題である．HMDのほかに触覚機能を有するデータグラブも開発されており，手で触った面に質感が伝わるようになっている．

　仮想現実感の応用分野としては，仮想的な旅行を楽しむためのソフトウェア，住宅の配置やインテリアなどを仮想的に体験するシステム，医師の手術の訓練用のシステム，フライトシミュレータなど

様々なものがあり，最近では自身で仮想現実システムをDOS/Vコンピュータに組み込むための，仮想現実感専用のコマンド言語なども開発・発売されるようになった．

　仮想現実感への期待が膨らむ一方で，このシステムに内在する危険性も銘記しておかねばならない．あくまでもこれは，本来の人間活動の補助的なものであり，人間社会にネガティブなインパクトをもたらすものであってはならないような気がする．例えば，仮想現実環境の元でのコンピュータゲームなどが普及しているが，これらのシステムに熱中する子供達が，仮想現実と現実の世界との区別を認識できないようなことにならないような方策も必要である．新しい技術が台頭してくれば，それによってもたらされる恩恵すなわち光の部分のみに，注目が集まるのが世の常であろうが，それによってもたらされる影の部分にも注目する必要があると思われる．仮想現実感を備えた戦争シミュレーションなどのシステムも発売されており，これを使用している人間が仮想現実と実際の現実社会を同一視するようになったとすれば，社会的なインパクトは教育上の観点などから非常に大きいものと予測される．これらの技術がさらに普及を遂げる前に，仮想現実に関する倫理感の確立を急がねばならないのではないかと考えられる．仮想現実感は，人間の価値観までを変容させてしまうために開発されるものではなく，あくまでも人間の能力を高めるための補助的な道具にすぎないことを常に認識しておかねばならない．これらの点を明確にした上で，マルチメディアと仮想現実システムの融合など近未来に向けた人間社会の有用な道具としての発展を期待したい．

　現在の仮想現実感では，必ずしも人間の意志をより自然にコンピュータに伝えることはできない．人間と人間の自然なコミュニケーションのように対話が可能なVRシステムが，仮想現実感のインタフェイスとして重要になってくるのではないだろうか．仮想現実感を教育・訓練に応用する場合には，主としてシミュレーションの側面に重点を置く必要がある．対象としている人間や領域の特性に応じて，教育・訓練でどこまでを実施させようかという意図に基づいて，どこまで現実に近い教育・訓練環境を構築するかが鍵となる．

　仮想現実感を備えたシステムによって実現された環境が実際の環境と区別できないような優れたシステムが将来構築された場合は，疑似体験と実際の経験を同一視してしまうようになる潜在的可能性が存在する．これは，教育・訓練用のシステムにとっては好都合であり，プラスの効果をもたらすと考えられるが，必ずしもプラスの効果ばかりが得られるとは限らない．人間が，疑似体験と実際の体験を区別できないような世界はまだ存在せず，もしこのようなことが現実になれば，人間社会の在り方に大きなインパクトが生じることになり，前述のように社会的にも十分な注意を払う必要があるだろう．社会システムの変革などといった大きな問題の出現に関しても十分な議論をして，備えておく必要があるだろう．仮想現実感は，あくまでも人間と機械のインタフェイスを提供する1つの手段であることを忘れてはならない．

　仮想現実感の技術としての成熟度は，ハードとソフトの両側面からみていく必要がある．また，作成された仮想現実システムの良し悪しによって，「仮想現実」体験のリアルさや快適さが大きく異なってくる．したがって，図11.1に示すように，「仮想現実」を「現実」に近づけて，「現実」と「仮想現実」のギャップを埋めるためには，バーチャル・リアリティ構築ツールがいかなる特性を備えるべきか，すなわちシステムとユーザがどのような形でインタフェイスされていればよいかに関する研究が重要になってくるものと思われる．

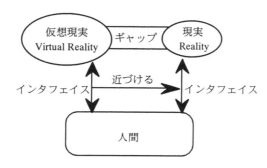

図11.1　現実と仮想現実のギャップ

11.2　発想支援システム

　新しいアイディアの発想は，認知情報処理能力に優れた人間固有のものである．コンピュータの手助けで発想しようというのが，発想支援システムであり，近年，人工知能や応用認知科学の分野で，どのようなシステムによって人間の発想を有効に支援できるかが議論されるようになり，具体的なシステムも構築されつつある．基礎認知科学の分野で，人間の発想，独創性とは何かが議論されており，発想そのものについても，どういったメカニズムで行われているのかが十分に解明されていないのも現状である．発想支援システムを具体的に述べれば，KJ法などのブレーンストーミングの結果をコンピュータに組み入れて，AIの手法などに基づいて，結果をうまい具合に整理して発想のための役に立てることなどが挙げられる．コンピュータを利用した発想支援では，蓄積された種々の情報を体系的に整理して，簡単にこれをアクセスできるようにすることが大切である．我々が，色々と新しいものを考えたり，問題解決に取り組む場合には，書棚に置いてあるファイルや書籍をいく種類も時間をかけて探して，これらを組み合わせて，創造活動を続けていく．ペーパー上の既存の書類を，新しく作ろうとしている書類に付加するには煩雑なコピー作業を要し，こういった作業がペーパーレスですべてコンピュータ上で実行できれば，知的活動に要する時間が多くなり，1つの発想支援の形態になるのではないだろうか．

　発想支援システムに関しては，次の3つの考え方がある．

　(1)　我々が実際に行っている発想支援過程を解明し，これを何らかの形でモデル化して，システムによって発想支援を可能にするという考え方．ただし，現在の認知科学の水準では，発想支援過程の解明の糸口さえ得られていないのが現状である．したがって，現段階では前述のKJ法などの直感的な手法やモデルに基づく発想支援システムが利用されている．これらの手法を試行錯誤的に用いて，発想支援過程をより具体化したシステムを作り上げていく試みも重要になるが，認知科学の知見が深まるにつれてよりよいシステムが構築可能になってくるだろう．

　(2)　発想支援システムの導入により可能になる新しい発想法を提供しようという考え方で，より具体的な例としてはCAD（Computer Aided Design）が挙げられる．

　(3)　発想過程そのものはユーザに任せ，システムは発想しやすい環境を提供しようという考え方．これを実現するためには以下に示す3つの機能が必要になる．まず，人間の認知情報処理能力には限界がある．例えば，ある課題を遂行するのには，非常に単純な作業から意思決定や判断などを要する

高次の精神活動までの様々な作業が必要になる．低水準の単純作業にあまり多くを費やしすぎると，高水準の作業に費やすために使うことができる容量は少なくなる．そこで，低水準の単純作業をシステムのほうでできる限り引き受けるようにすれば，ユーザは高水準の作業に集中でき，よりよいアイデアなどを出すことができるようになる．次に，必要な情報が自由に得られる環境を提供していかねばならない．発想の過程では，様々な情報に触れることがよりよい発想につながることは，だれしも経験することであり，発想支援システムにこのような情報提供の環境を装備させることは非常に有効である．ただし，多くの情報を利用可能になったとしても，これらの情報を効率的に利用できなければかえって発想の妨げになる場合も生じるため，情報が効率的に利用できるような工夫が必要になってくる．第3の機能としては，柔軟な作業過程を許容することである．人間の思考は，拡散的なものと収束的なものに分けることができる．拡散的な思考を行っている場合には，ある1つのタスクから別のタスクへと思考が移ることが頻繁に生じる．柔軟な作業を許容するシステムとは，こういった作業間の移動を容易にするシステムをさす．ある作業に移動した後に，元の作業に戻る場合には，元の作業が柔軟に遂行できなければならない．元の作業に戻った後に，元の作業で実行していたことを思いだすのに時間がかかるようでは，我々の発想を柔軟に支援しているとはいえない．このような機能によって，我々の発想過程はスムーズになるものと考えられる．

　思考や問題解決といった我々の認知情報処理活動の中で，実際にかなり時間を費やしている部分が，記憶からの検索活動であろう．例えば，ある1つの昔読んだ文献を探し出すにしても，短期記憶，作業記憶，長期記憶をフルに活動させながら，本棚の色々な箇所やコンピュータのハードディスク上のフォルダやディレクトリを行き来しながら，結構時間を要することは日常茶飯事である．このような補助的な活動に関わり合っている間に，湧きかけていた発想も消滅してしまうことがある．もっとも，後でこれを再生可能な場合もあるが．このような，検索活動を減少させるようなシステムをコンピュータ上で実現できれば，節約された時間を十分に創造活動に費やすことができる．これは，発想支援システムの1例であるが，今後人間とコンピュータのインタフェイスを考えていく上で，人間の創造活動を高める発想支援システムとしてのコンピュータの活用の在り方は，重要になってくるだろう．今後，種々の活動の場に適したよりよい発想支援システムの出現を期待したいものである．

11.3　共同作業支援（CSCW）

　コンピュータ作業におけるヒューマン・ファクター（human factor）の適切な管理・運営は，効率化のためにも必要不可欠である．ある1つのプロジェクト（ソフトウェア開発など）では，グループ内のプロジェクト要員の能力の差にいかに対処するか，グループとしての活動をいかに進めるか（構成員を何名にすればベストか，どの程度の能力をもった人でいかにしてグループを構成するか（要員配置））などがグループ全体の効率化のための大きな要因となるため，これらを効率的に運営・管理することが必要不可欠である．例えば，プログラミングの能力の差は，できる人とできない人では25倍以上の開きがあるとされる．また，平均的な能力を有するプログラマーの場合，15人で作業するよりもこれより小人数の10人で作業するほうが効率的であるという報告もある．

　まず，要員の配置について考えてみる．システムの仕様などを詳細に分析・記述できるSE（System Engineer），システム設計を担当できるSE，実際のプログラム開発を担当するSE，ソフトウェアの検査要員，保守要員など様々なレベルのメンバーから1つのプロジェクトが構成される．一般にはプロジェ

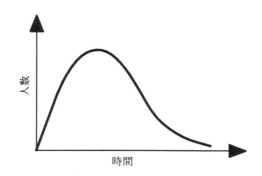

図11.2　レイリー曲線

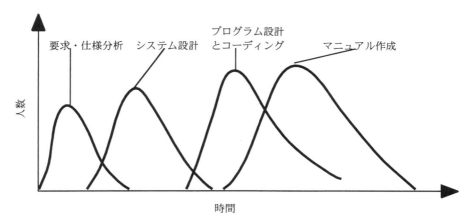

図11.3　プロジェクト全般を通じてのレイリー曲線

クトの各開発段階で初期には少ない人数を配置し軌道に乗るにつれて増員し，段階の終了とともに人数を減少させるやり方がよく用いられており，このパターンをレイリー曲線と呼ぶ（図11.2参照）．プロジェクト全般では，この曲線が重なった形で要員が配置される（図11.3参照）．すなわち，各段階が終了して次の段階に進むのではなく，ある段階の終了と次の段階のスタートが部分的に一致することが認められるのが普通である．ここでは，特定の高い能力を有する者にのみ負担がかかりすぎないように注意する必要がある．また，システム開発などのプロジェクトには必ずといっていいほど遅れがつきものになっているから，これを予測して計画を立てる必要がある．しかし，過去の経験を当てはめることができないようなケースも発生することは十分に予測されるため，上記のような計画が必ずしもすべての場面で適用できるとは限らないのが，大きな問題点になっている．

　プロジェクトでは最低限次のような情報は要員相互で参照できるようにしておかねばならない：作業進捗情報，作業遂行に必要な資料，作業結果の評価法，テスト用のデータ，デモンストレーションに関する情報など．また，プロジェクトに参加するメンバーは以下の点を心得ておく必要がある：各人の役割を十分に把握し，自身の能力を最大限に発揮すること，要員同士の情報交換が容易にできるようにすること，要員相互の円滑な人間関係を形成して，相互の支援体制を充実させること．プロジェクトのリーダー（責任者）は，あくまでも機能的なリーダーであり，要員はすべて対等の立場にたって一致協力するような組織作りが望ましい．

　共同のプロジェクトを効率的に進めるための考え方として，近年Computer Supported Cooperative Work（CSCW）が提唱されている．邦訳すれば，共同作業支援となり，コンピュータの支援によって人間同士が共同で作業をしやすいような作業環境を整えることを意味する．具体的にはCSCWとはどのようなことをさすのであるか．例えば，プロジェクトの要員同士が容易に情報交換などの対話の機会を得ることができるようにすることなどはCSCWには必要不可欠である．対話中に必要な情報などを容易に相手に提供できるような，例えば相手がワークステーションやパソコン上でその情報をもらって（対話の相手のオフィスに行って資料をコピーさせてもらうとかではなく），自分のコンピュータ作業で容易に活用できるような環境が必要になる．これによってプロジェクトの進捗も加速されるだろう．さらには，ネットワークを介したコンピュータでの会議などで，議事録の作成などをコンピュータが自動的に行ってくれるシステム，議長役をコンピュータがやってくれるシステムなどはCSCWの範疇に入るだろう．CSCWでは以下の点を重視した作業環境の設計を心がけるべきである．騒音，照明，音熱などの作業環境が至適であること．騒音は，OA機器や電話の配置の変更，作業室のレイアウトの変更などによってある程度排除できるが，これが不可能ならば，勤務時間帯のシフトや防音設備の充実などで対処できる．VDT作業環境については，第7章を参考のこと．仕事中に電話などによる割り込み（interrupt）があまりないこと．この割り込みについては，電子メールやFAXの普及で，作業の割り込みが増えてきている．これらのシステムは非常に便利で容易かつ簡単に使える半面，例えば電子メールなどは1週間の出張後には50件ものメールが送られてきていることも珍しいことではない．膨大な数のメールに目を通しているうちに，重要なメールをうっかりして消してしまった経験も著者はもっている．割り込みが入らない時間の1日の作業時間での比率は，0.1程度であるという結果も報告されている．この割り込みの問題は，現代社会では避けて通ることはできないが，割り込みができる限り少なくなるような工夫が必要であろう．例えば，1日のうちでメールに目を通す時間を決めておくなど．作業の締切りなどの時間的なプレッシャーがないこと（自身のペースで自由な発送のもとで作業可能なこと．実際には締切りは存在するが，これをあまり意識せずに自身のペースで作業できること）．作業用のスペースに余裕があり，時間的な圧迫感と同様に空間的な圧迫感を感じさせないこと．作業に必要な資料などに自身の作業用のコンピュータから容易にアクセスできること．CSCWは，個々のケースによって取り組み方やシステムも異なり，現在のプロジェクトにとって必要なものを明確にした上で，個々に最適なものを作り上げていく必要がある．

　CSCWに関する研究では，行動科学的視点を取り入れて，人間同士の共同作業のあり方をとらえ直し，通信機器とコンピュータの能力を統合化した共同作業システムを構築していくグループウェア（groupware）の考え方が提唱されている．グループウェアでは，共同作業における役割認知，情報媒体や伝送情報量が共同作業における意思決定，対人認知などに及ぼす影響が盛んに研究されるようになった．役割認知とは，集団で共同作業を遂行する場合に，自分に課せられた役割とそれに必要な行動特性を認知する過程をさし，共同作業では非常に重要な側面である．対人認知とは，共同で作業を行う場合に他人の役割を正確に把握しておかないと自分の役割との関係も不明で，共同作業による効率化を達成できない．コンピュータによる共同作業では，情報媒体や伝送情報量がこのような他人の仕事進捗状況や他人と自分の仕事の関係の把握に影響を及ぼすことが考えられるため，その影響を明らかにしておくことは非常に重要である．グループウェアについて，会議システムを例にとって説明してみることにする．従来の会議では，職位や肩書きの上下関係，声の大きさ（物理的な声の大きさ

ではない．どのような組織でも，自分の意見を強引に通そうとする人がいるものである）によって，発言が抑制されたり，会議全体の流れが大きく左右される（実際にこのような会議を経験された方は多いであろう）．会議システムが電子化されることにより，ある程度平等に発言権が与えられるようになるだろう．実際に十数人のメンバーからなる会議で，会議時間の30％以上を1人の人が占めるケースも著者はたびたび経験したことがある（同じことばかりを繰り返されて，もううんざりした気分になることがたびたびある）．電子会議システムで，1人あたりの発言時間を制限すれば，議論が堂々巡りになることも少なくなり，各人の責任において適切で分かりやすくなるように意見をまとめる習慣がつくのではないだろうか．電子会議システムでは，情報媒体（画像情報の質，電子化テキスト）が会議におけるコミュニケーションにおいて質的および量的な影響を及ぼすことも見逃してはならない．一般の会議では，相手の表情や声，図表や文字が印刷された資料などの様々な情報を参考にしながら，会議が進行される．一方，これを電子化した場合には，参加者の表情を即座に読み取ることは難しく，プリントアウトされた資料に比べると電子化された図表やテキストは読みにくい．また，一般の会議では，前述の多くの情報の中から選択的に任意の情報を選ぶことができるが，電子化された会議ではこれを行うことは難しい．同じ会議でも電子化されたものとそうでないものでは，情報の伝わり方が異なる．これからの電子会議システムでは，どのようにして情報を参加者に伝えれば，非電子化会議と同様の情報提示効果が得られるかについて行動科学的および認知科学的側面から明らかにしていくことが重要になるのではないかと思われる．グループウェアに関しては，現在様々なタイプのものが実験的に研究されているが，大まかには図11.4に示すように時間（同時的または継時的）と場所（同一場所または遠隔地（非同一場所））の2つの次元によって4つのタイプに分類される．一般的な形態としては，大型画面より構成された視聴覚機器，個々の共同作業者や会議参加者のためのネットワーク機能を備えたコンピュータなどを備えたものが想像されやすい．同時に同一の場所で行われる作業や会議を支援するシステム，同時に異なる場所で行われる作業や会議を支援するシステム，同一の場所で継時的に行われる伝言板的なもの，時間的にずれた場面での，すなわち非同一場所で継時的な場面での共同作業支援システムや電子メールの管理システムなどの4つのタイプに分類し，それぞれが研究開発されている．ユーザである人間の行動特性や認知特性を十分に理解した上で，共同作業支援システムの充実を図っていくことが，これからのグループウェアの大きな使命である．CSCWやグループウェアに関しては，有澤（1993）[126]や田中ら（1995）[127]で詳しく解説されているので参照されたい．

11.4　マルチメディアの考察

　マルチメディア（multimedia）とは，天下り的に定義すれば，文字，図形，画像（写真），動画，音声などを双方向で通信するための技術の総称であろう．このことばが巷には氾濫している半面，これはどのようなことを本来意味しているのかはまだまだ確立されておらず，TV画像や音声を処理できるコンピュータをマルチメディアと呼んでいるものやTV電話から，さらに高度なシステムまで様々なコンピュータ・システムがマルチメディアという名を冠して呼ばれるようになった．双方向の通信（communication）が不可能なシステムでさえ，マルチメディアの範疇に分類されているのが現状である．これまで，10.1から10.3で述べてきたシステムとの融合によって，発想を支援したり，プロジェクトの効率化を促進したり，人間と機械のインタフェイスをよりよいものにするためには，このマルチ

	同一場所	非同一場所 （遠隔地）
同時的	電子会議室	遠隔会議
継時的	（伝言メモ）	電子メール管理システム 共同作業支援システム

図11.4 時間と場所の2つの次元に基づくグループウェアの分類

メディアの技術は必要不可欠であると思われる．現在市販されているマルチメディアを指向している
ソフトウェアは，データベース検索用のものが多い．

　マルチメディアの環境では，文字情報だけではなく，図形，画像，音声，動画などの種々の情報の
入出力のための装置が必要不可欠であり，かつこれらの情報のデジタル表現法は規格化・統一化され
ていなければならない．また，これらの情報を大量かつ高速に処理する能力を備えていることがコン
ピュータ側に要求される．また，これらの大量の情報を人間が活用しやすくするためのソフトウェア
も必需品である．

　マルチメディアの最大の利点は，複数の感覚機能に訴える情報表現が可能ということであるが，一
方では，これは人間側に大きな負荷（workload）を誘発させ，机上で本を読むなどの精神活動に比べ
て，集中力を長時間持続されることは困難といわれている．集中力の維持には，動機づけが必要であ
るが，現在のマルチメディア用と呼ばれるソフトウェアの大半はこの点が欠如している．また，情報
の提示に時間を要することも，現在のマルチメディアと呼ばれるソフトウェアの欠点である．これを
解消するような高速処理技術の台頭が待たれる．

　マルチメディアによって，仕事や学習の仕方が影響され，思考やコミュニケーションのスタイルが
変化すると考えられている．マルチメディアで一番大切なのは，ユーザの立場からマルチメディア全
体を考えていくことであると思われる．音声や画像などを駆使するマルチメディア技術の大きな特徴
として，感性情報処理があげられる．すなわち，マルチメディアを介して互いの感性を率直にぶつけ
合いながらコミュニケートしていき，お互いの感性を高めていきながら，かつ有意義な情報交換など
を行っていくことが重要であるように思われる．このためにも，これまでに色々と述べてきたヒュー
マン・インタフェイス設計の技法を活用したマルチメディア技術の構築が必要不可欠になることはい
うまでもない．

　東京地裁が平成9年5月26日に出した，パソコン通信をめぐる裁判に関する朝日新聞の社説（平成
9年5月28日）を例として，今後のマルチメディア社会やインターネット社会の問題点についてコメ
ントしておきたい．第10.3節のグループウェアのところで述べた電子会議システムに関して，電子会議
用の伝言板に名誉を著しく傷つける記述があったとして，名誉を傷つける記述をした本人が訴えられ
た．判決は，名誉を傷つける記述をした本人のみではなく，電子会議システムの管理者とパソコン通
信の管理者にも一定の責任を認めた．裁判長は，管理者は他人の名誉を傷つける発言が登録されたこ

とを知った場合には，削除などの必要な措置をとる義務があるとの見解を示した．ただし，管理者は全部の内容を監視するまでの義務はないとの考えも同時に示した．マルチメディア，e-mail，インターネットなどは，個人が自由に不特定多数に向けて情報を発信し，やりとりする機会を作りだし，コンピュータ社会に多大なる恩恵をもたらしたかに見える．この裏で，今回の裁判のように，ネットワークへアクセスした不特定多数のユーザの前で，知らず知らずのうちに他人の名誉を傷つけたりまたプライバシーをおかすような表現などが出てくる可能性が常にある．この点に対しては細心の注意が必要であり，このようなシステムを使う側と管理者側のモラルの問題について議論しておく必要がある．不特定多数の人々に情報を発信できる反面，自分の出した情報が不特定多数の人に見られるため，情報を送る立場の人は他人のプライバシーや公共性の問題点には十分な注意が必要であろう．次のような例について考えてみる．3人が話しをしている最中にA氏がB氏の名誉を傷つける発言をしたとする．この場合，C氏にしかこのような発言は聞こえておらず，後の調整でB氏の名誉を回復し，A氏とB氏の関係も改善可能であろう（ただし，A氏がB氏の名誉を傷つける発言をしたことは誉められないが）．A氏の中傷発言に触れたのは，この場合C氏と当事者のB氏のみである．これが電子化されたインターネットなどで行われた場合には，中傷した情報は不特定多数の人に見られている可能性があるため，問題はそうは簡単に解決できないだろう．A氏がB氏に陳謝するだけでは，B氏の名誉を回復することはできない．不特定多数の人に，自分の誤った点を伝えて（ネットワーク社会ではこのような情報が広がる速さは非常に速いので，余計に問題が大きくなりかねない），B氏に対する誤解を解いて回らねばならない．不特定の人を対象としているだけに，これには多大の労力を要し，中傷記事を見た人全員（例えば，暗証番号を設けていないインターネットのホームページの場合は全世界が対象となる）を特定するのも難しい．インターネットなどの電子化システムが身近になったため，大多数の利用者は日常的な感覚で親しい友達と会話を交わすかのように情報を発信しているが，情報発信においては確固とした責任が必要なことを忘れてはならない．また，インターネット上などにいかがわしい写真や暴力的な表現などが多数のっているというニュースを新聞やテレビ，ラジオでよく耳にする．大衆に対して情報を発信しているテレビ局，ラジオ局，出版社と同じような義務や倫理がインターネットで電子化システムを取り扱う個人にも要求されるわけであり，電子化システムを使う側の責任はかなり大きい．以上の問題点を規制する規則は現段階では皆無といっていいほどであり，仮に対策が講じられたとしても，憲法で保証されている表現の自由の問題とのかねあいが大変である．我が国においては特に，これらの点に関する実のある議論と対策が必須の状況である．本人には他人の名誉を傷つけるつもりはなくても，すなわち本人にその意識がなかったからといって，不特定の人に情報を発することができるという電子化されたインターネット社会やマルチメディア社会では，簡単に許されるべきものではない．自分が発進する情報やデータに関しては必ず自分で責任がとれるという自信のもとで，情報やデータを発信すべきである．井戸端会議の感覚で，自分の思った通りの情報を無責任的にただ発することはよくないと筆者は考えている．また，インターネットやマルチメディアには，成人ばかりではなく，不特定多数の未成年も触れる機会がある．法律の上では，成年に比べると未成年の責任は明確には追及できないため，未成年へのインターネット，マルチメディア使用上の道徳教育と種々の問題点に対する対策も必要ではないだろうか．せっかく，人と人の心を結ぶすぐれたインタフェイスが我々の身近になってきているのだから，これが人間同士のトラブルにつながるようであってはならない．最近電子図書館構想として，自宅のパソコンから目当ての本や文献を検索

して，中身も呼びだせる未来型図書館の構想が，国立国会図書館によって推進されている．非常に便利な反面，著作権や出版社に及ぼす影響など解決せねばならない問題点が非常に多く，その実現は前途多難であろう．マルチメディア，インターネットの使用によって生じてくる問題を1つずつ解決しながら，真に人と人の心を結ぶシステムとして，育て上げていかねばならない．

　著者は現在情報科学部において教鞭をとっているが，学生はインターネットに非常に熟知していて，授業中でさえもどこかのホームページにアクセスして遊んでいる（筆者は，講義を真面目に聞くのもさぼるのも，大学教育は義務教育ではないのだから，学生自らの責任において行われるべきであると考えているため，またホームページにアクセスして遊んでいても他の学生には迷惑はかからないため，別段注意はしない．ただし，一生懸命に講義を聞いている人の迷惑になるような行為に対しては注意をするが）．講義中にe-mailのやり取りをする行為は，他の教室に出かけて行って，そのクラスの生徒と話しをする行為と実質的には同じであるが，インターネット社会の弊害であろうか，コンピュータからe-mailなどで情報を発信しても他人の迷惑になることはあまりない．学生本人にとっては色々なホームページに触れることができ，e-mailで色々な人と手紙のやり取りをできるため，もうこれだけで自分はコンピュータを自由に操ることができるようになったと錯覚してしまい，講義で話すC言語の文法やコンピュータの原理には全く関心を示さず，試験をしても理解できていると判断できるような答案は毎年30％程度である．学生は，コンピュータを用いた問題解決能力を身に付けていなくても，一昔前とは異なり（マルチメディアやインターネットが普及してない時代には，プログラミングやコンピュータの知識なしではコンピュータとうまく対話できなかったし，プログラミングができなければ，コンピュータを自由に使いこなしているという感覚はもつことができなかった），e-mailを出すとかホームページにアクセスするなど何らかの形でコンピュータと接することができるため，自身の知識を高めて，コンピュータに関する高い知識やプログラミング言語に関する技術の側面（これによるほうがコンピュータを用いた創造能力は高まり，真にコンピュータを知ることができるようになる）からコンピュータへ接触しようとしない（ただし，このような学生ばかりではないことをお断りしておく）．これは，第9章で述べたテクノ依存症に似た症状であり，インターネット，マルチメディア症候群と考えてよいのではないかと筆者は思っている．これらのことにあまりに夢中になるため，もっと大事な本質を忘れてしまい，真の創造力を培うことができなくなっているような気がしてならない．インターネット，マルチメディアはあくまでも1つの手段であって目的ではない．インターネットを自由に操る学生でも，自分でプログラムを書けない人が大半である．以上のことは，便利さの裏で犠牲になっているものがある，という一言に尽きるような気がしてならない．学生達には，本当に便利なものとは何なのか理解してほしいと思っている．インターネット，マルチメディアが若い学生諸君の創造の目をつむようなことがないように切に願う次第である．また，著者の所属する教室などでもそうであるが，普段の会議では全く発言しない非常におとなしい人が（会議が面白くないのかも知れないが），インターネット上では自分の意見を率直に述べて情報を頻繁に発信していく．フェイスツーフェイスの会議場面でも電子会議の場面でも自身の作ったホームページ上でも自分の意見を述べていくことは大切だと筆者は考えているが，グループウェアの所でも述べたように，インターネットなどの電子化技術は，普段自分の意見をあまりいわない，もしくはいえない人の発言のきっかけを与え，自己表現の場を与えるという点では，有効であろう．人前で発言する勇気がなかなか出てこない人でも，インターネットでは自分の意見を素直に表現できるというのは1つの利点かも知れないが，

これがただ単なる現実からの逃げ道であってはならないような気がする．コンピュータに対しては素直に話しかけることができるが，フェースツーフェイスの場面では自身の意見を率直に表現できないという矛盾は，どこから来るものなのか，またこれが人間の本質に何か悪影響を及ぼさないかなどのインターネット社会やマルチメディア社会の社会病理や社会心理に関する研究などがこれから盛んに行われることが望まれる．すなわち，インターネット，マルチメディア社会で，閉じ込められていた人間の潜在能力が真に拡大できるか，種々の側面から検討を加えていく必要があるだろう．マルチメディア社会やインターネット社会の便利さの裏に潜む影の部分に関しても十分な配慮がなされなければならない．仮想現実感を備えたシステムによって実現された環境が実際の環境と区別できないような優れたシステムが将来構築された場合は，疑似体験と実際の経験を同一視してしまうようになる潜在的可能性が存在することを第11.1節でも述べたが，これなどは新しいインタフェイス技術がもたらすマイナスの効果であろう．種々の優れたインタフェイスについて本章で紹介したが，どのように優れた仮想現実感，インターネット，マルチメディアも現実の体験やフェイスツーフェイスの対話の代わりには決してなり得ないと筆者は考えている．人間の感情を理解するコンピュータなどが開発されていると聞くが，筆者は人間の代わりができるコンピュータなどは決してできないと考えている．このへんを誤解してしまうと，人間としての本質が見失われてしまうのではないだろうか．あくまでも，これらのシステムは我々人間の手助けをするための１つの手段，道具にしかすぎないことを十分に認識しておく必要があるだろう．本節で述べた点を考慮しながら，マルチメディアやインターネットが我々にとって真に役に立つシステムとして，発展していってほしいものである．

あとがき－むすびにかえて－

　インタフェイスの問題は，情報科学，人間工学，認知工学，機械工学のみに限定されるべきではなく，社会システム全体としても，来る21世紀へ向けて我々が常に直視し，考えていかねばならない多くの問題を含んでいる．自然と人間とのインタフェイス，社会と社会のインタフェイス，国家間のインタフェイス，親と子のインタフェイス，教師と生徒のインタフェイス，国民と政治のインタフェイスなど様々なものが存在する．最近これらのことについて考えさせられる問題が，毎日のようにテレビのニュース番組や新聞紙面を賑わせている．地球温暖化問題，土石流災害，環境破壊の問題などは，人間と自然がいかにして共存していくかについての確固とした考えをもたずに，自動車会社，建設会社などの利益，監督官庁の省益を中心に，経済効果のみに重点を置きすぎた産業構造によってもたらされているといっても過言ではないだろう．中東和平問題，北朝鮮問題などは，おおまかに表現すれば（簡単に表現できるような容易な問題ではないが），国家間のインタフェイスの問題としてとらえることができる．教育問題，少年犯罪，家庭内暴力などは，それぞれ教師と子供のインタフェイス，親と子のインタフェイスに帰着できるだろう．ただし，どのようなインタフェイスが大切かに関しては，これといった明確な結論は出されておらず（将来結論がだせるかどうか筆者自身もまだよくわからないが），教育現場や家庭で試行錯誤的な努力が重ねられている．教育現場で日々懸命な努力が続けられている裏で（中には職務怠慢の不届き者もいるかもしれないが），ニュース番組などで相当高額なギャラを受け取ってタレント（自称ニュースキャスター）や自称評論家が，無責任な発言を繰り返していることには閉口してしまう．ニュース番組などで一番大切なのは，客観性であり，それに対して色々と感じ，意見を述べるのは，あくまでも主役である視聴者ではないだろうか．ニュース番組に自称ニュースキャスターの無責任なコメントなど不要であろう．著者も教育現場に身を置く一人の教師として，この問題について日々勉強しながら責任をもって考えていきたいと思っている．さらに，金融不安に関連した一連の不祥事，住専問題などは，監督責任官庁が国民の意志を無視した国民不在の行政を実施し続けたために，国民の痛烈な批判をあびるに至っており，国民と政府，行政のインタフェイスの不適切さの結果と判断できる．

　序文のところでも述べたように，インタフェイスについて考えていく場合には，我々は便利さの裏に潜むマイナスの部分の存在を決して見逃してはならない．勝者が存在すれば，そこには常に敗者の存在があり，スポットライトに照らしだされる部分があれば，そこには影が必ず存在する．車社会で我々は非常に恩恵を受けている一方で，どこへ行くにも車を利用する我々自身の体力は，毎年体育の日にちなんで発表される体力データからも自明のとおり，年々低下の一途をたどっているように思われる．コンピュータ社会，ネットワーク社会と称されている現代社会ではあるが，そこにも避けては通ることのできない多くの問題点が存在する．筆者なども，ペンで文章を書く機会が最近めっきり減ってしまい，いざ手書きで文章を書く場合には，漢字をまちがったり，度忘れしてしまった経験をよくするようになった．これなどは，コンピュータ社会で便利になった反面，便利さの背後で失われていくものがあることを示す格好の例である．大枚をはたいて2年前に購入したパソコンやワークステーションは，最新の機種に比べて性能面ではるかに劣り，価格的にも最新式のほうが数段有利になっており，性能や価格の競争は激化するばかりである．2年前に購入した車と最新式の車で，性能や

機能に多少の違いはあるにしても，コンピュータのような性能の大幅な違いは認められない．一昔前のコンピュータに比べると，2年前に購入したコンピュータの性能ははるかに優れており非常にありがたいものではないかと心にゆとりをもって考えてもよさそうなものであるが，コンピュータの処理速度の高速化競争の激化が，コンピュータの反応時間の遅さに対するユーザのイライラ感を高め（より高速なコンピュータを求め），さらに過激な高速化競争を誘発してしまう一因になっている．また，この競争激化の裏に，大量に廃棄されるコンピュータが存在することを無視できない．1997年11月中旬か下旬に午後9時からのNHK総合で「廃棄コンピュータ」の問題が取りあげられているのを視聴したが（筆者は非常に強い衝撃を受けたものの一人である），コンピュータ社会の一員として，我々はこの問題も避けて通ることはできないだろう．インターネット社会における人権問題も，インターネットがもたらした恩恵の影の部分として大きくクローズアップされている．第11章でも述べたように，いつでも気軽に全世界の色々な人々とコミュニケーションが可能になったという便利さの裏には，人権問題などの種々の問題点が潜んでいることを常に念頭に置いておかねばならない．さらには，読者の方もご存じの「ポケットモンスター事件」などは，メディアと我々人間のインタフェイスにおける生理・生体工学的アプローチ（強い光刺激の長時間にわたる繰り返し点滅による生体への影響の検討）の重要性を示唆している．筆者のところにも，幼稚園の年長と小学校3年生の子供がいるが，社会的に大ブレークしているポケットモンスターが一時放送中止になり，非常に残念がっている．本書では，インタフェイス問題への生理・生体工学からのアプローチの例について，第9章で簡単に述べた．写真，週刊誌におけるプライバシーの問題や少年犯罪などにおける犯人に対しては過剰なまでに人権を擁護する一方で被害者やその家族に対する人権が全く守られていない問題に関しても，社会と個人のインタフェイスとしての役割を果たすマスコミのあり方についての大きな問題を提起している．犯人や容疑者の顔写真，氏名を公開することに全く意味がないのと同じくらい，被害者やその家族の氏名，写真の公開にもほとんど意味がないものと思われる．筆者も2人の子供をもつ親の立場として，もし自分の子供が被害にあったとして，実名や顔写真さらには筆者自身の名前まで公開されるのには耐えられないだろう．マスコミ関係者は，彼ら自身がこれと同じ立場に立たされたとき，何も感じないだろうか．会社の利益を優先する裏で，非常につらい思いをしている人の気持を無視しているのではないだろうか．

　来たるべき21世紀に向けて，工学的な問題に限定せず，広く社会システム全体として，真に人間（およびその将来）にとって有益なインタフェイスとは何かを，常に自問自答しながら，探求していく必要がある．これまでに述べてきた数々の事例は，いずれも事後処理的なものである．何か事が起こってからそれへの対処方法を考えていくのではなく，「転ばぬ先の杖」的な発想の重要性を認識しておかねばならないだろう．この場合，個々の人間が中心になることはいうまでもない．一部の人間にだけ豊富に光があたり，その影で大多数の人間が寒い思いをしているようなインタフェイスではなく，多くの人に一様に光があたるようなインタフェイスをいかに実現していくかを考えていくことも（このようなインタフェイスを設計するのはごく当然のことではあるのだが），これからのインタフェイス研究の重要課題のうちの1つであろう．当たり前のことが，実現できないのも現代社会独特の特徴のうちの1つであろうか．

　本書は，ヒューマン・インタフェイスの基礎から応用まで広い範囲にわたって記述・解説してきたつもりであるが，この分野の進歩は速く，本書ではカバーし切れていないような新しいテーマや問題

も出現してくるのではないかと思われる．改訂の際に，これについて触れる機会を得られればと考え
ている次第である．なお，本書では，「interface」の邦訳として，「インタフェイス」という用語を一
貫して用いてきたが，この用語は統一されておらず，研究者によって，「インタフェース」，「イン
ターフェース」など様々な邦訳が用いられている（実際には，「インタフェース」という邦訳が多い
ようである）．工学系では，長音を省略するという慣習にしたがって，本書では「インタフェイス」
の用語を用いた．最後に，本書を作成するにあたり原稿のDTP（Desk Top Publishing）にご協力いただ
いた筆者の研究室の岩瀬弘和助手に謝意を表したい．

参 考 文 献

1) D.A.Norman : The Psychology of Everyday Things, Basic Books, 1988.

2) B.Schneiderman : Designing the User Interface - Strategies for Effective Human-Computer Interaction, Addison-Wesley, 1987.

3) S.K.Card, K.Willam, K.English and B.J.Burr : Evaluation of Mouse, Rate-Controlled Isometric Joystick, Step Keys, and Text Keys for Text Selection on a CRT, Ergonomics, 21 (8), pp.601-603, 1978.

4) P.M.Fitts : The Information Capacity of the Human Motor System in Controlling the Amplitude of Movement, Journal of Experimental Psychology, 47, pp.381-391, 1954.

5) A.T.Welford : The Fundamentals of Skill, London : Methuen.

6) 村田厚生 : 対話型システムにおけるポインティング装置の操作性に関する実験的検討, 人間工学, 28 (3), pp.107-117, 1992.

7) A.Murata : Empirical Evaluation of Performance Models of Pointing Accuracy and Speed with a PC Mouse, International Journal of Human-Computer Interaction, 8 (4), pp.457-469, 1996.

8) 村田厚生 : マウスのパフォーマンスモデルについて, 信学論 (A), J79-A, 9, pp.1645-1648, 1996.

9) S.I.MacKenzie, A.Sellen and W.Buxton : A Comparison of input devices in elemental pointing and dragging tasks, Proceedings of CHI'91 Conference on Human Factors in Computing Systems, pp.161-166, 1991.

10) S.I.MacKenzie, W.Buxton : Extending Fitts's Law to Two-Dimensional Tasks, Proceedings of CHI'92 Conference on Human Factors in Computing Systems, pp.219-226, 1992.

11) 村田厚生 : 文書編集におけるコマンドの音声入力に関する基礎的検討, 人間工学, 30 (4), pp.191-200, 1994.

12) G.K.Poock : Voice Recognition Boosts Command Terminal Throughput, Speech Technology, 1, pp.36-39, 1982.

13) D.L.Morrison, T.R.G.Green, A.C.Shaw and S.J.Payne : Speech-Controlled Text-Editing : Effects of Input Mpdality and of Command Structure, International Journal of Man-Machine Studies, 21, pp.49-63, 1984.

14) J.D.Gould and T.Hovanyecz : Composing Letters with a Simulated Listening Typewriter, Communications of the ACM, 26, pp.295-308, 1983.

15) M.J.DeHaemer, G.Wright and T.W.Dillon : Automated Speech Recognition for Spreadsheet Tasks : Performance Effects foe Experts and Novices, International Journal of Human-Computer Interaction, 6 (3), pp.299-318, 1994.

16) 村田厚生 : キー入力時間と音声入力時間のトレードオフ, 信学論 (A), J79-A, 9, pp.1625-1628, 1996.

17) A.Triesman and A.Davies : Divided attention to ear and eye, Attention and PerformanceIV, pp.101-117, 1973.

18) C.D.Wickens : The Structure of Attentional Resources, Attention and PerformanceVIII, pp.239-257, 1980.

19) C.D.Wickens, S.J.Mountford and W.Schreiner : Multiple Resources, Task-Hemispheric Integrity, and Individual Differences in Time-Sharing, Human Factors, 23, pp.211-230, 1981.

20) 村田厚生 : デュアルタスクの状況での音声入力の有効性に関する実験的検討, 信学論 (D-II), J78-D-II, 6, pp.982-988, 1995.

21) A.Murata : Utility of Speech Input System in Human-Computer Interface, Proceedings of the 7th International Conference on Human-Computer Interaction, 1997.

22) T.E.Hutchinson, K.P.White, W.N.Martin, K.C.Reichert and L.A.Frey : Human-computer Interaction using Eye-gaze Input, IEEE Trans.Sys, Man and Cyber, 19, 6, pp.1527-1534, 1989.

23) J.Gips, P.Olivieri and J.Tecce : Direct Control of the Computer through Electrodes placed around the Eyes, Proc of Human-Computer Interaction, Amsterdam : Elsevier, pp.630-635, 1993.

24) 伴野明, 鉄谷信二, 岸野文郎 : 視線検出装置とマウスを併用する指示入力方の評価, ATRテクニカルレポート, TR-C-0078, 1992.

25) R.J.K.Jacobs : The Use of Eye Movements in Human-Computer Interaction Techniques : What You Look At is What You Get, ACM Transaction on Information System, 9 (3), pp.152-169, 1991.

26) A.Jacobs : Eye-Movement Control in Visual Search : How Direct Visual Span Contriol? , Perception and Psychophysics, 39, pp.47-58, 1986.

27) L.A.Farwell and E.Donchin : Talking Off the Top of Your Head : Towards a Mental Prosthesis Utilizing Event-Related Brain Potentiala, Electroencephalography and Clinical Neurophysiology, 70, pp.510-523, 1988.

28) J. Walpaw, D.McFarland, G.Neat and C.Froneris : An EEG-Based Brain-Computer Interface for Cursor Control, Electroencephalography and Clinical Neurophysiology, 78, pp.252-259, 1991.

29) R.B.Duffy : PC Mind Control, PC-Computing, 11, pp.155-156, 1989.

30) 吉田真ほか : ヒューマンマシンインターフェイスのデザイン, 共立出版, 1995.

31) S.Chang : Icon Semantics - A Formal Approach to Icon System Design, International Journal of Pattern recognition and Artificial Intelligence, 1 (1), pp.103-120, 1987.

32) 本郷節之, 乾敏郎 : アイコンの認知容易性に関する諸要因の検討, ATR テクニカルレポート, TR-A-0035, 1988.

33) T.S.Tullis : The Formatting of Alphanumeric Displays : A Review and Analysis, Human Factors, 25 (6), pp.657-682, 1983.

34) 村田厚生 : 情報検索作業における精神的な作業負担の測定, 信学論 (A), J74-A (4), pp.706-714 ,1991.

35) H.Mori and Y.Hayashi : Visual Interference with Users' Tasks on Multiwindow Systems, International Journal of Human-Computer Interaction, 7 (4), pp.329-340, 1995.

36) D.Foss, M.B.Rosson and P.Smith : Reducing Manual Labor : An Experimental Analysis of Learning Aids for a Text Editor, Proceedings of Human Factors in Computing Systems, ACM, 1982.

37) N.Relles : The Design and Implementation of User-Oriented Systems, Ph.D. dissertation, Technical Report 357, Department of Computer Science, University of Wisconsin, 1979.

38) H.E.Dunsmore : Designing an Interactive Facility for Non-Programmers, Proceedings of ACM National Conference, pp.475-483, 1980.

39) 佐藤啓一ほか訳 : ヒューマンインタフェースの設計方法, マグロウヒル, 1994.

40) D.Marr and T.Poggio : Cooperative Computation of Stereo Disparity, Science, 194, pp.283-287, 1976.

41) D.Marr : Vision : A Computational Investigation into the Human Representation and Processing of Visual Information, W.H.Freeman, 1982.

42) R.N.Shepard, J.Metzler : Mental Rotation of Three-dimensional Objects, Science, 171, pp.701-703, 1971.

43) A.Treisman and A.Gelade : A Feature Integration Theory of Attention, Cognitive Psychology, 12, pp.97-136, 1980.

44) A.Treisman and H.Scmidt : Illusory Conjunction in the Perception of Objects, Cognitive Psychology, 14, pp.107-141, 1982.

45) J.M.Wolfe, K.R.Cave and S.L.Franzel : Guided Search : An Alternative to the Feature Integration Model for Visual Search, Journal of Experimental Psychology : Human Perception and Performance, 15, pp.419-433, 1989.

46) I.Rock : An Introduction to Perception, Macmillan, 1975.

47) G.A.Miller : Psychology, Harper & Row, 1967.

48) G.Sperling : The Information Available in Brief Visual Presentations, Psychological Monographs, 74, pp.1-29, 1960.

49) G.A.Miller : The Magical Number Seven, Plus or Minus Two : Some Limits on our Capacity to Process Information, Psychological Review, 63, pp.81-97, 1956.

50) Murdock : The Serial Position Effect of Free Recall, Journal of Experimental Psychology, 64, pp.482-488, 1962.

51) S.Sternberg : High-speed Scanning in Human Memory, Science, 153, pp.652-654, 1966.

52) S.Hellyer : Frequency of Stimulus Presentation and Short-term Decrement in Recall, Journal of Experimental Psychology, 64, p.650, 1962.

53) D.O.Hebb : Distinctive Features of Learning in the higher Animal, In J.Dalafresnaye (ed.) , Brain Mechanism and Learning, Oxford University Press, 1961.

54) F.I.M.Craik and R.S.Lockhart : Levels of Processing : A Framework for Memory Research, Journal of Verbal Learning & Verbal Behavior, 11, pp.671-684, 1972.

55) M.J.Watkins and O.C.Watkins : Processing of Recency Items for Free-recall, Journal of Experimental Psychology, 102, pp.488-493, 1974.

56) B.Tversky : Encoding Processes in Recognition and Recall, Cognitive Psychology, 5, pp.275-278, 1973.

57) A.E.Woodward, R.A.Bjork and R.H.Jongeward : Recall and Recognition as a Function of Primary Rehearsal, Journal of Verbal Learning & Verbal Behavior, 12, pp.608-617, 1973.

58) D.E.Meyer and R.W.Schraneveldt : Facilitation in Recognizing Pairs of Words : Evidence of a Dependence between Retrieval Operations, Journal of Experimental Psychology, 90, pp.227-234, 1971.

59) R.Ratcliff and G.McKoon : Does Activation Really Spread? , Psychological Review, 89, pp.454-462, 1981.

60) S.E. Palmer : Fundamental Aspects of Cognitive representation, Cognition and Categorization, Lawrence Erlbaum Associates, 1978.

61) A.M.Collins and M.R.Qullian : Retrieval Time from Semantic Memory, Journal of Verbal Learning & Verbal Behavior, 8, pp.240-247, 1969.

62) M.Minsky : A Framework for Representing Knowledge, The Psychology of Computer Vision, McGraw-Hill, 1975.

63) D.E.Rumelhart, Notes on a Schema for Stories, In Bobrow and A.Collins (eds.) , Representation and Understanding Studies in Cognitive Sciences, Academic Press, pp.211-236, 1978.

64) R.C.Schank and R.Abelson : Scripts, Plans, Goals and Understanding, Lawrence Erlbaum Associates, 1977.

65) Y.Rogers : Evaluating the Meaningfulness of Icon Sets to Represent Cpmmand Operations, People and Computers : Designing for Usability, Cambridge University Press, 1986.

66) D.E.Meyer : On the Representation and Retrieval of Stored Semantic Information, Cognitive Psychology, 21, pp.243-300, 1970.

67) E.E.Smith and L.J.Lipps : Structure and Process in Semantic Memory : A Featural Model for Semantic Decsions, Psychological Review, 81, pp.214-241, 1974.

68) A.M.Collins and E.F.Loftus : A Spreading Activation Theory od Semantic Processing, Psychological Review, 82, pp.407-428, 1975.

69) J.Rasmussen : Information Processing and Human-Machine Interaction − An Approach to Cognitive Engineering − , Elsevier, 1986.

70) P.Johnson, J.B.Long and D.Visick : Voice versus Keyboard : Use of a Comparative Analysis of Learning to Identify Skill Requirements of Input Devices, People and Computer II : Designing for Usability, Cambridge University Press, 1986.

71) S.Andriole and L.Adelman : Cognitive Systems Engineering for User-Computer Interface Design, Prototyping, and Evaluation, Lawrence Erlbaum Associates, 1995.

72) J.Long and A.Whitefield : Cognitive Ergonomics and Human-Computer Interaction, Cambridge University Press, 1989.

73) J.M.Carroll : Designing Interaction - Psychology at the Human-Computer Interaction, Cambridge University Press, 1991.

74) 村田厚生著 : 人間工学概論, 泉文堂, 1992.

75) E.Grandjean : Fitting the Task to the Man, 4th Edition, Taylor & Francis, 1988.

76) P.N.Johnson-Laird : Mental Models, In M.Posner (ed.) , Foundations of Cognitive Science, MIT Press, 1989.

77) 佐々木正人 : アフォーダンス−新しい認知の理論, 岩波書店, 1994.

78) J.J.Gibson : The Ecological Approach to Visual Perception, Houghton Mifflin Company, 1979.

79) 海保博之著 : 文書・図表・イラスト一目でわかる表現の心理技法, 共立出版, 1995.

80) S.K.Card and T.P.Moran : The Psychology of Human-Computer Interaction, Lawrence Erlbaum Associates, 1983.

81) A.Murata : Improvement of Performance by Method for Predicting Targets in Pointing by Mouse, IEICE Trans.Fundamentals, E78-A, 11, pp.1537-1541, 1995.

82) A.J.Courtney : Hong Kong Chinese Direction-of-Motion Stereotypes, Ergonomics, 37 (3) , pp.417-426, 1994.

83) J.Gerhardt-Powals : Cognitive Engineering Principles for Enhancing Human-Computer Performance, International Journal of Human-Computer Interaction, 8 (2) , pp.189-211, 1996.

84) U.Brauninger, E.Grandjean, G.van der Heiden, K.Nishiyama and R.Gierer : Lighting Characteristics of VDTs from an Ergpnomic Point of View, Ergonomics and Health in Modern Offices, Taylor & Francis, 1984.

85) R.Mourant, R.Lakshmanan and R.Chantadisai : Visual Fatigue and CRT Display Terminals, Human Factors, 23, pp.529-540, 1981.

86) H.L.Snyder and M.E.Maddox : On the Image Quality of Dot-Matrix Displays, Proceedings of SID, 21, pp.3-7, 1980.

87) H.L.Snyder : Lighting Characteristics, Legibility and Visual Comfort at VDTs, Ergonomics and Health in Modern Offices, Taylor & Francis, 1984.

88) T.Fellmann, U.Brauninger, R.Gierer and E.Grandjean : An Ergonomic Evaluation of VDTs, Behaviour and Information Technology, 1, pp.69-80, 1982.

89) E.Occhipinti, D.Colombin, C.Frigo, A.Pedotti and A.Grieco : Sitting Posture : Analysis of Lumbar Stresses with Upper Limbs Supported, Ergonomics, 28, pp.1333-1346, 1985.

90) 労働基準調査会訳：ＶＤＴチェッカーーコンピュータ端末，ワープロ，パソコンの点検のために，1988.

91) R.W.Bailey : Human Error in Computer Systems, Prentice-Hall, 1983.

92) 橋本邦衛著：安全人間工学，中央労働災害防止協会，1986.

93) 三浦利章：外界情報の獲得・処理様式，数理科学，354，pp.53-58，1992.

94) T.Miura : Visual Search in Intersections — An Underlying Mechanism — , Journal of International Association of Traffic and Safety Science, 16, pp.42-49, 1992.

95) 三浦利章：運転場面における視覚的行動：眼球運動の測定による接近，大阪大学人間科学部紀要，5，pp.253-289，1979.

96) 三浦利章：視覚的行動・研究ノート：注視時間と有効視野を中心として，大阪大学人間科学部紀要，8，pp.172-206，1982.

97) R.M.Shiffrin, D.B.Pisoni and K.Castaneda-Mendez : Is Attention Shared Between Ears?, Cognitive Psychology, 6, pp.190-215, 1974.

98) 小木和孝：現代人と疲労，紀伊国屋書店，1994.

99) C.Brod：テクノストレス，新潮社，1984.

100) 河野友信：産業ストレスの臨床，朝倉書店，1987.

101) C.Mackay, T.Cox, G.Burrows and T.Lazzerini : An Inventory for the Measurement of Self-reported Stress and Arousal, British Journal of Social Clinical Psychology, 17, pp.283-284, 1978.

102) T.H.Holmes and R.H.Rahe : The Social Readjustment Rating Scale, Journal of Psychosomatic Research, 11, pp.213-218, 1967.

103) P.A.Hancock and N.Meshkati : Human Mental Workload, North-Holland, 1988.

104) 平井富男：善玉ストレス・悪玉ストレスーストレスと上手につきあう法，講談社，1989.

105) M.Friedman and RH.Rosenman : Association of Specific Overt Behavior Pattern with Blood and Cardiovascular Findings, JAMA, 169, pp.1286-1296, 1959.

106) 保坂隆：Ａ型行動人間が危ない，日本放送出版協会，1990.

107) 村田厚生：メンタル・ストレスの評価に関する実験的検討，体力研究，83，pp.135-145，1993.

108) A.Murata : Experimental Discussion on Measurement of Mental Workload — Evaluation of Mental Workload by HRV Measures — IEICE Trans.Fundamentals, E77-A, 2, pp.409-416, 1994.

109) 村田厚生：呼吸が心拍変動性指標に及ぼす影響の検討，信学論（A），J74-A，9，pp.1447-1454，1991.

110) R.I.Kitney : Beat-By-Beat Interrelationships between Heart Rate, Blood Pressure, and Respiration, The Beat-By-Beat Investigation of Cardiovascular Function, Oxford : Clarendon Press, pp.146-178, 1987.

111) 村田厚生：ロボットの直接制御と監視における精神的作業負担の比較，信学論（A），J77-A，3，pp.556-560，1994.

112) 村田厚生：瞳孔面積とR-R間隔のゆらぎの関連性について，人間工学，32（5），pp.261-264，1996.

113) 日野幹雄：スペクトル解析，朝倉書店，1983.

114) A.Murata : Assessment of Fatigue by Pupillary Response, IEICE Trans.Fundamentals, E80-A, 7, pp.809-815, 1997.

115) O.G.Okogbaa, R.L.Shell and D.Filipusic : On the Investigation of the Neurophysiological Correlates of Knowledge Worker Mental Fatigue using the EEG signal, Applied Ergonomics, 25 (6) , pp.355-365, 1994.

116) L.R.Hartley, P.K.Arnold, G.Smythe and J.Hansen : Indicator of Fatigue in Truck Drivers, Applied Ergonomics, 25 (3) , pp.143-156, 1994.

117) 奥野忠一ほか：多変量解析法，日科技連，1975.

118) 田中豊ほか：パソコン統計解析ハンドブックーⅡ多変量解析編，共立出版，1986.

119) 市原清志：バイオサイエンスの統計学，南江堂，1991.

120) A.Chapanis : Hazards Associated with Three Signal Words and Four Colours on Warning Signs, Ergonomics, 37 (2) , pp.265-275, 1994.

121) 村田厚生：マウスの操作性に影響する要因の検討，信学論（A），J77-A，3，pp.547-555，1994.

122) 石川馨ほか：改訂版初等実験計画法テキスト，日科技連，1978.

123) 田中豊：パソコン実験計画法入門，現代数学社，1985.

124) R.Rubinstein and H.M.Hersh : The Human Factor - Designing Computer Systems for People, Digital Press, 1984.

125) 服部桂：人工現実感の世界，工業調査会，1991.

126) 有澤誠著：ヒューマンインタフェイス，マグロウヒル，1993.

127) 田中二郎，神田陽治編：インタフェイス大作戦ーグループウェアとビジュアルインタフェースー，共立出版，1995.

参 考 図 書

・海保弘之ほか：認知的インタフェース，新曜社，1993.

・大島尚編：認知科学，新曜社，1992.

・正田亘：ヒューマン・エラー，エイデル研究所，1988.

・野間聖明：ヒューマンエラーー安全人間工学へのアプローチ，毎日新聞社，1982.

・鶴岡雄二訳：マンーマシン・インタフェイス進化論，パーソナルメディア，1987.

・細川汀ほか：ＶＤＴ労働入門，労働基準調査会，1985.

・西山勝夫ほか訳：コンピュータ化オフィスの人間工学，啓学出版，1989.
・海保弘之ほか訳：インタフェースの認知工学－人間と機械のかかわりの科学，啓学出版，1990.
・河野友信編：産業ストレスの臨床，朝倉書店，1987.
・佐藤啓一ほか訳：ヒューマンインタフェースの設計方法，マグロウヒル，1994.
・田村博編：ヒューマン・インタフェイス，コロナ社，1987.
・東基衛ほか訳：ユーザーインタフェースの設計，日経ＢＰ出版センター，1995.

索　引

著者略歴

村田　厚生（むらた　あつお）

1958年　広島県に生まれる

1987年　3月　大阪府立大学大学院工学研究科博士課程経営工学専攻修了（工学博士）
産業医科大学産業生態科学研究所助手，福岡工業大学情報工学科助教授，広島市立大学情報科学部教授を経て，2006年4月より岡山大学大学院自然科学研究科産業創成工学専攻教授．人間工学，生体情報処理の分野において，ヒューマン・エラー学，安全人間工学，自動車人間工学，ユニバーサル・デザインなどの研究に従事．

〔著書〕「確率・統計の基礎」（単著，大学教育出版，1999）
「認知科学―心の働きをさぐる―」（単著，朝倉書店，1997）
「人間工学概論」（単著，泉文堂，1992）
「ヒューマン・エラーの科学―失敗とうまく付き合う法」（単著，日刊工業新聞社，2008）
「福島第一原発事故・検証と証言―ヒューマン・エラーの視点から」（単著，新曜社，2011）

ヒューマン・インタフェイスの基礎と応用　　定価はカバーに表示

1998年4月1日　初版第1刷
2012年3月15日　　第4刷

著　者　村　田　厚　生
発行者　朝　倉　誠　造
発行所　株式会社　朝　倉　書　店
東京都新宿区新小川町6-29
郵便番号　162-8707
電　話　03（3260）0141
ＦＡＸ　03（3260）0180
https://www.asakura.co.jp

〈検印省略〉

© 1998　〈無断複写・転載を禁ず〉
ISBN 978-4-254-20180-2　C 3050

印刷・製本　倉敷印刷
Printed in Japan

本書は株式会社日本出版サービスより出版された同名書籍を再出版したものです．